自然怪象

惊天的植物秘密

JING TIAN DE ZHI WU MI MI

孙常福 / 编 著

中国大百科全书出版社

图书在版编目（CIP）数据

惊天的植物秘密 / 孙常福编著. —北京：中国大百科全书出版社，2016.1
（探索发现之门）
ISBN 978-7-5000-9809-6

Ⅰ. ①惊… Ⅱ. ①孙… Ⅲ. ①植物 – 青少年读物 Ⅳ. ①Q94-49

中国版本图书馆CIP数据核字（2016）第 024463 号

责任编辑：卢　红
封面设计：大华文苑

出版发行：中国大百科全书出版社
（地址：北京阜成门北大街 17 号　邮政编码：100037　电话：010-88390718）
网址：http://www.ecph.com.cn
印刷：青岛乐喜力科技发展有限公司
开本：710 毫米 × 1000 毫米　1/16　印张：13　字数：200 千字
2016 年 1 月第 1 版　2019 年 1 月第 2 次印刷
书号：ISBN 978-7-5000-9809-6
定价：52.00 元

前言
PREFACE

自然世界丰富多彩，我们吃的、穿的、用的都取之于自然。大自然用水、空气及一切资源养育着我们。自然环境是我们赖以生存的、永远离不开的保障。资源有限，自然有情，我们要爱护环境、关心自然、亲近自然、认识自然。

我们每天享受着大自然所带给我们的一切，然而又有谁能够清楚地知道我们生活在其中的大自然究竟是什么样子？大自然中有着许许多多奇妙的现象，这是大自然的语言，也是大自然的面纱，只有细心的人才能知晓。

在自然世界里，生物多样性的特点决定了自然界充满了许多神奇物种。在全球范围内，奇异植物可谓数不胜数——有一叶障目的“神草”，

有会欣赏音乐及跳舞的植物，有能吃昆虫的花草……植物界真是多姿多彩，其中隐藏着无数疑问：葵花为什么总是围着太阳转？仙人掌为什么能在干旱的沙漠里生存？植物有性别之分吗？……

自然界物种千千万万，特别是在浩瀚的海洋中，蕴藏着丰富的生物资源，无奇不有，生动有趣。各种各样的物种或因环境变异，或因基因突变，呈现出缤纷多彩的生命体态。随着人类的探索发现，这些怪异物种逐渐被我们所认识，极大地丰富了人类的知识宝库。

在大自然中，微生物是一大类我们看不见的微小生物，通常要用光学显微镜和电子显微镜才能看清。微生物界是一个比人类世界要丰富得多的微观世界，包括细菌、病毒、真菌等。微生物虽然个体微小、结构简单，却有我们所不具备的强大本领：能够治理环境污染，可以为人类治病，能够制造粮食，甚至还可以提取金属……

人类一直没有停止探索和认识自然的脚步，探险的足迹几乎遍布全球，人们向大自然发起的一次又一次的挑战简直令人叹为观止。有人闯荡杳无人迹的海角天涯；有人九死一生去探索未曾有人涉足的高山大川；更有人因为意外，面临绝境仍矢志不渝。总之，自然无限，探索无尽。

大自然的神奇力量塑造了地球的面貌、主宰着四季的变化，既混沌有序，又相互影响。大自然所隐藏的奥秘无穷无尽，真是无奇不有、怪事迭出、奥妙无穷、神秘莫测。许许多多的难解之谜使我们对自己的生存环境捉摸不透。破解这些谜团，有助于人类社会向更高层次不断迈进。

为了普及科学知识，激励广大读者认识和探索大自然的无穷奥妙，我们根据中外最新研究成果，编写了本套丛书。本丛书主要包括植物、动物、探险、灾难等内容，具有很强的系统性、科学性、可读性和新奇性。

本丛书内容精炼、通俗易懂、图文并茂、形象生动，能够培养人们对科学的兴趣和爱好，是广大读者增长知识、开阔视野、提高素质的良好科普读物。

Contents 目录

植物的本领

植物的道具

Hui Hai Xiu
De
Han Xiu Cao

会害羞的含羞草

害羞的含羞草

含羞草是一种豆科草本植物。它白天张开那羽毛一样的叶子，等到晚上就会自动合上。有趣的是，你在白天轻轻碰它一下，它的叶子就像害羞一样，悄悄合拢起来。

你碰得轻，它动得慢，一部分叶子合起来；你碰得重，它动得快，在不到10秒钟的时间里，所有的叶子都会合拢起来，而且叶柄也跟着下垂，就像一个羞羞答答的少女，所以人们管它叫“含羞草”。

含羞草为什么会动

大多数植物学家认为，这全靠它的叶子的“膨压作用”。在含羞草叶柄的基部，有一个水鼓鼓的薄壁细胞组织，叫叶枕，里面充满了水分。

上图：含羞草在阳光下会伸展开全身的枝叶

下图：7月～10月含羞草又会开出粉红的花

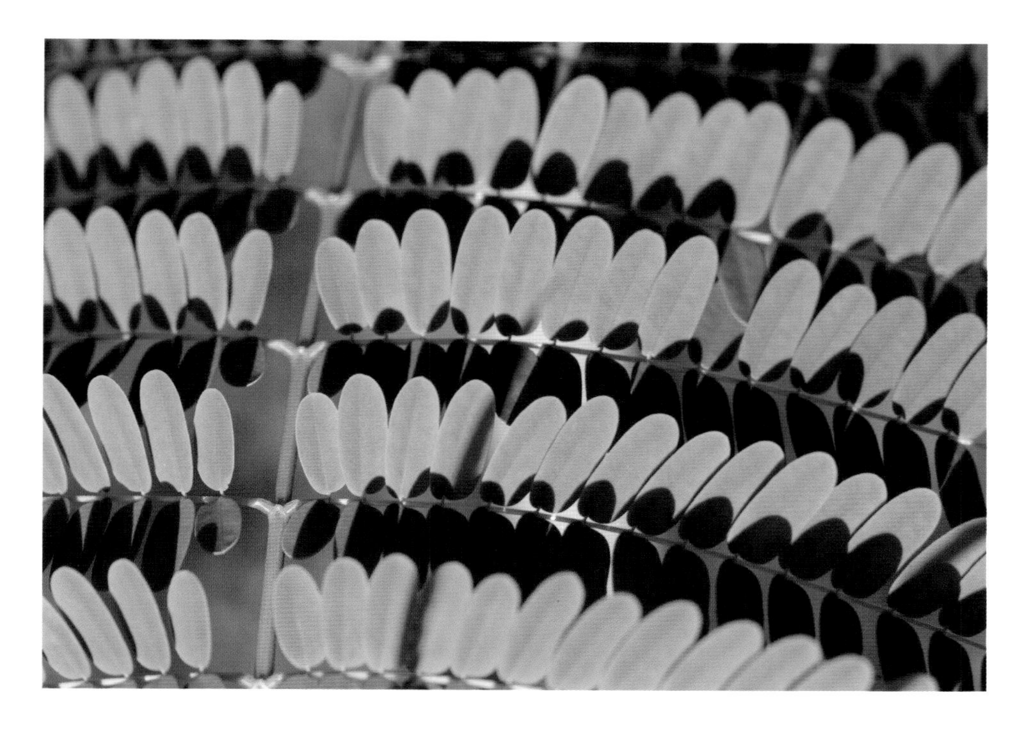

当你用手触动含羞草，它的叶子一振动，叶枕下部细胞里的水分，就立即向上或向两侧流去。

这样一来，叶枕下部就像泄了气的皮球一样瘪了下去，上部就像打足了气的皮球一样鼓了起来，叶柄也就下垂、合拢了。

在含羞草的叶子受到刺激合拢的同时，会产生一种生物电，把刺激信息很快扩散给其他的叶子，其他叶子也就会跟着合拢起来。

当这次刺激消失以后，叶枕下部又逐渐充满水分，叶子就会重新张开，恢复原来的样子。

日本土屋教授经过仔细研究，揭开了含羞草闭合运动之谜。

含羞草细胞是由细小的网状蛋白质“肌动蛋白”所支撑的。在产生闭合运动的时候，肌动蛋白的磷

植物名片

名称：含羞草
门：被子植物门
纲：双子叶植物纲
科：豆科
属：含羞草属
产地：美洲

草木有情，
最懂得感情的
植物是小小的
含羞草

酸会脱落，只要让含羞草吸收不让磷酸脱落的化合物，在经过触碰之后它就不会发生变化。

土屋教授指出，当肌动蛋白束散开时，紧接着细胞里的水分跑出来，产生了闭合运动。

这种肌动蛋白一般见于动物的肌肉纤维内，与肌肉伸缩有关。正是含羞草有这种肌动蛋白，才有了收缩的功能。

这真正是大千世界无奇不有啊，动物的肌动蛋白也存在于含羞草内，这还是非常少见的。但也有的科学家认为，含羞草之所以会运动，是与光敏素的作用分不开的。

含羞草的自我保护

含羞草的老家在巴西，那里经常有暴风雨。为了适应这种不良环境，它在自然环境中培养了保护自己的本领。每当风雨到来前，就把叶子收拢起来，叶柄低垂，这样一来，就不怕暴风雨的摧残了。

有趣的是，含羞草还是相当灵敏的“晴雨计”。人们可以利用它的这种怪脾气和本能，预测未来的晴雨。“含羞草害羞，天将阴雨”这句谚语告诉我们，如果含羞草的叶片自然下垂、合拢，或半开半闭、舒展无力，出现害羞现象，往往预示着阴雨天气。

在正常天气里，含羞草一般不会自己害羞，如果有人碰它的叶片，叶片很快地合拢，但恢复原状很慢，这是晴天的征兆。

含羞草还可以预测地震。土耳其的地震学家艾尔江曾表示，在强烈地震发生前的几个小时，对外界触觉敏感的含羞草叶会突然萎缩，然后枯萎。

含羞草是一种奇妙的植物，它的身上还有不少奥秘没有被揭开。

Chi Ren Mo Wang Ri Lun Hua 吃人魔王——日轮花

娇艳的日轮花

在南美洲亚马孙河流域茂密的热带雨林和广袤的沼泽地带里，生长着一种令人畏惧的吃人植物——日轮花。

日轮花长得十分娇艳，因其形状酷似齿轮，故而得名。日轮花有“吃人魔王”之称。

日轮花的叶子一般有几十厘米长，花就散布在一片片叶子的上面。日轮花能发出兰花般的诱人芳香，很远就可闻到。表面看来它与一般植物一样，但是如果

植物名片

名称：日轮花
门：种子植物门
纲：双子叶植物纲
种：日轮花
产地：南美洲

娇艳的日轮花却有一个可怕的名字叫“吃人魔王”

有人去碰一碰它的花、叶或茎，就会出现很危险的场面。

日轮花的叶子非常灵敏，而且力量很大，一旦遇到外力侵害，就会立刻像鹰爪一样的伸过来把人死死地抓住并拖倒在潮湿的草地上，直到使人动弹不得。这时，花朵周围隐蔽的地方会爬出一群大蜘蛛，这种蜘蛛会疯狂地对人体进行吸吮和咀嚼。

日轮花为什么要为蜘蛛效劳，为它猎取食物呢？

这个大自然的秘密日前已被人们揭开。

原来，那些大蜘蛛的粪便，是日轮花所需的特殊养料，能够促使它生长。因此，凡有日轮花的地方，也就必定有吃人的蜘蛛，它们相互利用、彼此依存、相依为命。

吃人的情景

日轮花虽然美丽飘香，却能帮助“黑寡妇”蜘蛛把人咬死。它长得十分娇艳，花型类似日轮，有兰花般的诱人香味，叶片有几十厘米长。

如果有人被那细小艳丽的花朵或花香所迷惑、上前采摘时，只要轻轻接触一下，不管是碰到了花还是叶，那些细长的叶子就立即会像鸟爪子一样伸展过来，将人拖倒在潮湿的地上。同时，躲藏在日轮花旁边的大型蜘蛛即“黑寡妇”蛛便迅速赶来咬食人体。

“黑寡妇”蛛的上颚内有毒腺，能分泌出一种神经性毒蛋白液体，当毒液进入人体，就会致人死亡。尸体就成了蜘蛛的食粮。

蜘蛛吃了人的身体之后，所排出的粪便是日轮花的一种特别养料，这种养料能够使它长得更加娇艳、美丽。因此，日轮花就尽心尽力地为蜘蛛捕猎食物，它们狼狈为奸，凡是有日轮花的地方，必有吃人的“黑寡妇”蜘蛛。

当地人对日轮花十分恐惧，每当看到它就要远远避开。

吃人的谜团

关于吃人植物是否存在的谜团，现在还不能下肯定的结论。

有些植物学者认为，在目前已发现的食肉植物中，捕食的对象仅仅是小小的昆虫而已，它们分泌出的消化液，对小虫子来说恐怕是汪洋大海，但对于人或较大的动物来说，简直微不足道，因此，很难使人相信地球上存在吃人植物的说法。

但也有一些学者认为，虽然眼下还没有足够证据证明吃人植物的存在，可是不应该武断地加以彻底否定，因为除了当地的土著居民外，科学家的足迹还没有踏遍全世界的每一个角落，也许，正是在那些沉寂的原始森林中，存在着某些意想不到的植物。

Chou Ming Zhao Zhu De Zhi Wu 臭名昭著的植物

吸引苍蝇的食腐花

飞来飞去的蝴蝶与漂亮的小蜜蜂并不是花朵赖以传播花粉的唯一昆虫，我们还应该想到苍蝇。苍蝇很让人讨厌，它们喜欢气味难闻的东西，对色彩毫无兴趣。大自然专门为它们创造了一些花朵，因为在春天里，苍蝇要比蜜蜂还早就到处“嗡嗡”飞舞了。这些吸引苍蝇的花真可谓是臭名昭著了。

有一天，一位植物学家发现一棵在长茎末端长着厚叶子和一串串绿芽的植株，非常漂亮，他就把它带回家里，放在花瓶中。第二天早晨，他走下楼，闻到一股恶臭的气味，似乎在屋里什么地方有一只死老鼠，必须赶快把所有的门窗都打开。

大概就在花瓶后面，或者就在花瓶里面？他仔细观察，却看不到什么东西，可他的鼻子确实闻到了浓烈的臭味！他看到美丽的花朵已经在夜里开放了。植物学家发现，原来这朵花就是那只“死老鼠”！

为了能合理地掩饰一件令人难堪的东西，臭菘要生长在沼泽中，而且还要戴上一个绿色的面罩。

花朵的气味

我们一谈到花朵，就立即会想到绚丽多彩、芬芳迷人的景象。其实，科学家对4189种花朵进行了统计，发现其中大部分并不是香的！真正香气袭人的花朵只占18.7%，还有13%的花朵竟然是臭气熏人。

为什么有些花朵是香的呢？因为它们的花瓣里含有一种油细胞，其内含有芳香醇、脂肪醇或酯类有机化合物，能分泌出散发香气的芳香油。有的花朵虽然没有细胞，但是在一定的时候却能产生散发香味的物质，所以也会香气四溢，招引一些蜜蜂和昆虫。

有些花朵竟然能散发出这样的臭气，真是不可思议啊！现在已经认识到了，花朵的气味一直是分为两大类：一种是芬芳、清新、让人感到欣慰的，比如茉莉、桂花、玫瑰等，蜜蜂和各种昆虫跟踪它们的气味能够从很远很远的地方找到它们，向它们飞来或爬来；还有一种散发着特别难闻的腐臭气味的花朵，各种蝇类的昆虫非常喜欢它们，真是物以类聚、虫以群分！它们散发的臭味中的主要成分是胺类化合物。

体型最大、气味也最难闻的大王花

臭气熏天的大王花

在印度尼西亚的苏门答腊岛生长着一种非常大的花朵，一朵花的直径竟有1.4米，最重的有50千克，每朵花有5个花瓣，每个花瓣长0.3~0.4米，厚0.2米，花朵中央是一个直径0.33米、深0.3米的大盘子，可以装进10千克的水。它的名字叫作大王花，它只有一个短短的花柄和一朵巨大无比的花朵，没有根，没有叶子，也没有茎，那它靠什么生存呢？

> **植物名片**
>
> 名称：大王花
> 门：被子植物门
> 纲：双子叶植物纲
> 科：大花草科
> 属：大花草属
> 产地：马来西亚、印度尼西亚

原来它是一种寄生植物，它的叶柄寄生在藤本植物的根茎上，从中窃取人家的营养。有人说它简直就像个大懒虫。大王花刚开花的时候还有一点点香气，过了一两天，它就散发出腐肉一样的恶臭，可是那些苍蝇和甲虫就高兴了，它们从远处飞来、跑来大吃大喝。大王花的花期有4天，花色非常美丽，花粉却发出让人恶心的腐烂臭味。花期过后，大王花逐渐凋谢，颜色慢慢变黑，最后会变成一堆黏糊糊的黑色东西。不过受过粉的雌花会在以后的7个月里渐渐形成一个半腐烂状的果实。灿烂的花结出了腐烂的果实，这也算是植物界的一个奇观。

世上最臭的尸臭魔芋

在印度尼西亚苏门答腊的热带雨林地区，有一种名叫尸臭魔芋的花儿，又称“尸花”、“泰坦魔芋”。花朵的直径长1.5米，高则将近3米。因其有腐烂尸体的气味，所以被称作“世界上最臭的花”。

> **植物名片**
>
> 名称：尸臭魔芋
> 门：被子植物门
> 纲：单子叶植物纲
> 科：天南星科
> 属：魔芋属
> 产地：苏门答腊群岛

泰坦魔芋寿命长达数十年，可是开花的时间却很短，顶多数日，然后长出果实，很快就枯萎，所以很难看到它的踪迹。它会发出一种令人作呕、如尸肉腐败的味道，因此，又称之为尸花。泰坦魔芋的花冠其实是肉穗花序的总苞特有的“佛焰苞”，花蕊其实是肉穗花序。它有着类似马铃薯一样的根茎。等到花冠展开后，呈红紫色的花朵将持续开放几天的时间，散发出的尸臭味也会愈发浓烈。当花朵凋落后，这株植物就又一次进入了休眠期。它散发出的像臭袜子或是腐烂尸体的味道，是想吸引苍蝇和以吃腐肉为生的甲虫前来为它授粉。它外观非常美，然而这种美得出奇的花朵却又散发出令人恶心的臭味。

似是而非的花

天南星科的马蹄莲，是著名的宿根花卉，黄色肉穗花序外包漏斗形佛焰苞，乳白色或淡黄色，纯洁高雅。佛焰苞不是花冠，而是天南星科植物特有的一种总苞。它是花坛里那万绿丛中的一串红，花冠唇形，花萼钟形，它们都是红色，从远处看浑然一体，花冠脱落后，花萼却久不凋落，延长了观赏时间。

美人蕉的花朵在夏日里十分诱人，然而这红色的花瓣竟是5枚退化的雄蕊。它们的排列很有次序，有3枚直立在后方，起招引昆虫的作用，有一枚弯曲向前方，称为唇瓣，供昆虫采蜜时停歇，第五枚上有黄色斑点，位于花中央。美人蕉的萼片3片，花瓣仅在花蕾期起着保护花蕊的作用。

豆科植物含羞草的花冠没有鲜艳的色彩，仅起保护花蕊的作用，而它的雄蕊却色彩艳丽，十分显眼。自然界中还有许多植物具有这种似花而非花、非花又胜似花的变态器官。植物的这种特性是在长期进化过程中自然选择的结果。最初具有这样变异的植株，获得了较多的传粉机会，它的后代就多。在后代的分化中，凡是强化了这种变异的植株，就更具有生存竞争的能力，于是得到了进一步的繁荣。

马蹄莲，拉丁学名*Zantedeschia aethiopica* (L.) Spreng.属于被子植物门，单子叶植物纲，马蹄莲属植物

Hua Duo Xiang Ge Zi De Shu 花朵像鸽子的树

传教士的发现

1869年春，在四川省的宝兴地区一个叫穆坪的地方，来了一个满脸大胡子、高鼻深目的法国传教士。他名叫大卫，这一年41岁，是第二次来到我国。大卫的兴趣十分广泛，尤喜种植花草、采集植物标本。他32岁那年，借传教的机会到我国的河北省采集植物标本。3年以后，他带着大量标本返回了法国。

珙桐，拉丁学名为*Davidia involucrata* Baill.属于被子植物门，双子叶植物纲，桃金娘目植物

大卫来到穆坪，眼前葱茏一片的植物世界令他惊叹不已。一天，他来到一片树林间的开阔地，看见了令他终生难忘的情景。事后大卫回忆道："我来到一处美丽的地方，看到了一棵美丽的大树。那树上长满巨大的美丽的花朵。花是白的，好似一块块白手帕迎风招展。春风吹来，又好像一群群鸽子振翅欲飞。"

开鸽子花的树

大卫把这种大树称为"中国的鸽子树"。后来他还发现，鸽子树的白色大花实际上并不是真正的花，而是它的苞片，这种苞片最长可达0.15米、宽0.03~0.05米。既然我们所看到的鸽子树花是苞片，那么真正的花在哪儿呢？

大卫仔细研究了鸽子树的结构，这才知道，鸽子树花的数量很多，但却很小，许许多多的紫红色小花组成了一种叫作头状花序的结构。在头状花序中，雄花数目很多，它们大都长在花序的周围，而中央则是雌花或两性花。鸽子树的花序直径约有0.02米，它们处于白色苞片的包围之中，微风吹来，人们只看到鸽子展翅般的苞片，却忽略了花序的存在。

我国的活化石

如今我们知道，鸽子树其实就是我国特有的“活化石”——珙桐。珙桐的科学价值之所以很高，是因为在距今300万~200万年以前，珙桐的足迹遍布全世界，由于第四纪冰川的影响，珙桐在世界上绝大多数地区都绝迹了，而在我国贵州的梵净山、湖北的神农架、四川的峨眉山、云南的东北部地区，以及湖南的张家界和天平山的海拔1200~2500米的山坡上还留有小片的天然珙桐林。

这些远古年代的遗物，就像地层中的古生物化石一样，能帮助人们了解与地球、地质、地理、生物等有关的许多奥秘。又因为它们是活着的，所以叫它们活化石。正因为这个原因，珙桐成为我国的一级保护植物，国家还专门为这些活化石划定了保护区。

19世纪末，珙桐被引种到法国，以后又来到英国及其他国家。如今在

瑞士的日内瓦，人们经常在庭园里栽种珙桐，每到花开的季节，珙桐花花香袭人，引得不少的游人流连忘返。

珙桐的果实成熟时，颇像一个个尚未成熟的鸭梨，因此，在产珙桐的地方，珙桐又被叫作水梨子或木梨子，虽然此梨果肉酸涩难以下咽，但对于渴到极点的赶路人来说，这梨倒也能用来救急。

珙桐的树形优美，是一种很好的绿化树种，它的种子含油量达20%，因此是一种利用价值颇高的珍贵植物。

世界上最珍贵的植物

金花茶为山茶科、山茶属、金花茶组、金花茶系植物，是国家一级保护植物之一。有很高的观赏、科研和开发利用价值，素有“植物界的大熊猫”、“茶族皇后”之称，在国际上负有盛名。

1960年在广西大山中首次发现黄色山茶，1965年由我国著名植物学家胡先骕先生将此黄色山茶命名为“金花茶”，从此金花茶一举成名，震惊世界花坛。又因为它是一种古老植物，结果率极低，世界稀有，因此被国家列为一级重点保护珍稀植物。

金花茶为常绿灌木或小乔木，高2~5米，其枝条疏松，树皮淡灰黄色。叶深绿色，如皮革般厚实，狭长圆形，先端尾状渐尖或急尖，叶

植物名片

名称：金花茶
门：被子植物门
纲：双子叶植物纲
科：山茶科
属：山茶属
产地：中国

最古老的蕨类植物之——水杉

边缘微微向背面翻卷，有细细的质硬的锯齿。金花茶的花金黄色，耀眼夺目，仿佛涂着一层蜡，晶莹而油润，似有半透明之感，单生于叶腋，花开时，有杯状的、壶状的或碗状的，娇艳多姿，秀丽雅致。金花茶果实为蒴果，内藏6~8粒种子，种皮黑褐色。金花茶11月开始开花，花期很长，可延续至次年3月。金花茶喜欢温暖湿润的气候，多生长在土壤疏松、排水良好的阴坡溪沟处，常常和买麻藤、藤金合欢、刺果藤、楠木、鹅掌楸等植物共同生活在一起。由于它的自然分布范围极其狭窄，只生长在广西南宁邕宁区海拔100~200米的低缓丘陵，数量很有限，所以被列为我国一级保护植物。

为了使这一国宝繁衍生息，我国科学工作者正在通力合作进行杂交选育试验，以培育出更加优良的品种。近年来，我国昆明、杭州、上海等地已有引种栽培。

金花茶还有较高的经济价值。除作为观赏外，尚可入药，可治便血和妇女月经过多，也可作为食用染料。叶除泡茶作饮料外，也有药用价值，可治痢疾和用于外洗烂疮。其木材质地坚硬、结构致密，可雕刻精美的工艺品及其他器具。此外，其种子尚可榨油、食用或用作工业润滑油及其他溶剂的原料。

古老的孑遗植物银杉

银杉是一种古老的孑遗植物，200万年以前，银杉曾经广泛分布于欧亚大陆，自从受到第四纪冰川的袭击、遭到灭顶之灾以后，人们对银杉的探索便只有借助植物化石。树枝分长枝和短枝两种，幼叶边缘为睫毛状，绿色的叶片背面，有两条粉白色的气孔带，饱含露珠的叶片在阳光照耀下银光闪闪，银杉以此而得名。

水杉是一种古老的植物。远在一亿多年前的中生代上白垩纪时期，水杉的祖先就已经诞生于北极圈附近了。当时地球上气候非常温暖，北极也不像现在那样全部覆盖着冰层。以后，大约在新生代的中期，由于气候、地质的变化，水杉逐渐向南分布到了欧、亚、北美三洲。从已发现的化石来看，几乎遍布整个北半球，可说是繁盛一时。

秃杉是世界稀有的珍贵树种，我国的一类保护植物。最早是1904年在中国台湾中部中央山脉乌松坑山海拔2000米处被发现的。

秃杉有一个“孪生兄弟”，即台湾杉。由于它们外貌相似、又分布在同一地区，因此，一般通称它们为台湾杉。

Kong Bu De Shi Ren Shu 恐怖的食人树

一家人的奇遇

1971年9月，法国人吕蒙梯尔、盖拉两人带着他们的家人来到莫昆斯克度假，他们几乎年年都来内耳科克斯塔度假，只是到莫昆斯克丛林还是第一次。两家人到了莫昆斯克后，大人便开始忙着安排宿营和晚餐。吕蒙梯尔去丛林拾干枯树枝，准备烧火做饭。他的儿子欧文斯也闹着要一起去，盖拉的儿子亚博见小伙伴要走，也嚷着要去，于是，吕蒙梯尔带着两个小家伙走了。

来到丛林深处，吕蒙梯尔自己拣树枝，两个孩子却自顾自地游玩去

了。没多一会儿，吕蒙梯尔就听见两声叫喊，他听出是两个小家伙发出来的，心里一惊，丢了柴便向发出声音的地方奔去，因为他知道非洲丛林中有许多食人野兽出没。就在他跑出10多米远时，突然觉得自己的身体变轻了，跑起路来一点也不费力，接着他的身体居然飞了起来，而且直向前面一棵大树撞去。

吕蒙梯尔双手挥舞着，大声叫道："不！不！放下我，放下我。"

"砰——"，吕蒙梯尔撞在了树上，无法动弹。

不知什么时候，欧文斯和亚博两人已经跑到他身后，对吕蒙梯尔说："快脱掉衣服，否则你无法离开这棵大树"。

他转过头来，发现自己的头和手可以动，但穿了衣服裤子的部位就不能动，再一看，儿子和亚博的衣裤正贴在树上。欧文斯赶紧上来用刀划开父亲的衣裤，吕蒙梯尔想从树上扯下衣裤来遮挡身体。可他刚一接触衣服，又被树木吸住了，他吓了一跳，就再也没敢扯那衣服，直接带着两个孩子回去了。快到宿营地的时候吕蒙梯尔对儿子说："你们先回去，你叫母亲给我带条裤子来，我总不能赤身裸体地回去呀！"

两个孩子听话地回去了，不一会儿，亚博的母亲盖拉太太来了，看见

吕蒙梯尔的样子又羞又惊，忙问他是怎么回事，还要让他们带她到大树那里去看一看。吕蒙梯尔连忙拒绝，说："假如被那大树吸住的话，是很可怕的，还是不要去了"。

离奇灾难的降生

于是当盖拉回来后，盖拉太太硬拉着丈夫，跟着儿子亚博去看稀奇了。大约过了半小时，只见亚博惊慌失措地跑来，告诉吕蒙梯尔："我爸爸请你快快去，我母亲被吸进了一个大树洞里，请你快去帮助救我妈出来"。10多分钟以后，盖拉赤裸裸地哭着回来了，他对吕蒙梯尔伤心地说："我妻子死了。"

盖拉说他们走到那里时，盖拉太太首先飞了起来，向一棵大树飞去，盖拉想上前拉住妻子，却被吸到相反的方向，撞在另一棵树上。这棵树才是吕蒙梯尔遇见的那一棵，而他的太太飞向了另一棵树。

儿子亚博早有准备，他是光着身子来的，他看见母亲飞进树洞，跑去一看，里面黑乎乎的，不敢钻进树洞救母亲，就将另一棵树上的父亲救下。盖拉忙叫儿子去告诉吕蒙梯尔一家，自己走进了树洞，里面又黑又湿，他鼓起勇气叫着妻

子的名字，却没有回应。直到走到洞深处，他发现自己的太太已经蹉成一团死去了。

吕蒙梯尔责怪盖拉为什么不脱掉他妻子的衣服，盖拉说他当时太紧张，没有想到这件事。待他俩再次来到树洞准备将盖拉太太的尸体搬出来时，那里却没有人的影踪。

年轻人的体验

这件事传开以后，有3个年轻人争着要去体验一下，他们三男四女来到莫昆斯克，罗德兹等3个男青年发现，无论如何他们也只能被吸到右边的那棵树上。其中一名叫斯兰达的青年进行过一次试验，他穿上衣服，靠近左边有树洞的樟树时，不但没有被吸入洞中，而且可以顺利地走进走出。

阴森、恐怖
的食人森林

这个试验表明，有树洞的樟树对衣服没有吸引力，而右边的那棵树，不管什么布料都会被吸上去。而且布料在树上停留两个小时后，就会消失无踪，像被吸收了似的。因此，他们怀疑以前盖拉在撒谎。因为盖拉说，他走进洞里看见他太太死去，但没有力气将她拖出来，理由是盖拉太太穿着衣服，然而现在这里根本就没有人。为了证实自己推理的正确性，他们又进行了一个试验，斯兰达穿戴整齐，贴在右边会吸住人的那棵树上，两个小时后，大家吃惊地看到斯兰达身上的布料像被风化了一样荡然无存，而他本身完好无损。

回到营地，他们向4名女青年添油加醋地描述他们的试验经过，她们都想亲自去看看这两棵天下奇树。几名男青年见劝不住她们，又想并没有什么危险就由她们去了，只是罗德兹远远地跟在她们后面。

当几个姑娘离樟树只有七八米远的时候，罗德兹陡然看见4名姑娘一起飞了起来，她们惊叫着冲进了会吸引人的树旁边那棵有洞的樟树洞口。他大叫着“快脱衣服”，并迅速脱下自己的衣服赶去救人。

那大树洞口不能一下子同时吸进4个人，其中一个姑娘手抓住洞口，拼命地呼喊罗德兹快来救命，罗德兹来到树前，看见姑娘的双腿和大半个身体已经被吸进洞去，只剩头和双手还在树外，但不到2秒钟，他们就再也无力抵挡、被吞进了树洞。等罗德兹回去叫来同伴返回洞中时，洞中却空无一人，她们不知到哪里去了，洞中只留下4副耳环和5枚戒指。

世界上真的存在吃人树吗

有关吃人植物的消息最早来源于19世纪后半叶的一些探险家，其中有一位名叫卡尔的德国人在探险归来后说："我在非洲的马达加斯加岛上，亲眼见到一种能够吃人的树木，当地居民把它奉为神树，曾经有一位土著妇女因为违反了部族的戒律，被驱赶着爬上神树，结果树上8片带有硬刺的叶子把她紧紧包裹起来，几天后，树叶重新打开时只剩下一堆白骨"。

于是，世界上存在吃人植物的骇人传闻便四下传开了。从这以后，又有人报道在亚洲和南美洲的原始森林中发现了类似的吃人植物。

吃人树考察

这些报道使植物学家们感到困惑不已。为此，在1971年有一批南美洲科学家组织了一支探险队，专程赴马达加斯加岛考察。

他们在传闻有吃人树的地区进行了广泛搜索，结果并没有发现这种可怕的植物，倒是在那儿见到了许多能吃昆虫的猪笼草和一些螯毛能刺痛人的荨麻类植物。这次考察的结果使学者们更怀疑吃人植物存在的真实性。

1979年，英国一位毕生研究食肉植物的权威学者艾得里安·斯莱克，在他刚刚出版的专著《食肉植物》中说，到目前为止，学术界尚未发现有关吃人植物的正式记载和报道，就连著名的植物学巨著、德国人恩格勒主编的《植物自然分科志》及世界性的《有花植物与蕨类植物辞典》中，也没有任何关于吃人树的记载。

除此以外，英国著名生物学家华莱士撰写的名著《马来群岛游记》中，记述了许多罕见的南洋热带植物，也未曾提到过有吃人植物。所以，绝大多数植物学家认为，世界上并不存在这样一类能够吃人的植物。

吃人植物的说法来自哪里

艾得里安·斯莱克和其他一些学者认为，最大的可能是根据食肉植物捕捉昆虫的特性，经过想象和夸张而产生的。当然也可能是根据某些未经核实的传说而误传的。

根据现在的资料已经知道，地球上确确实实地存在着一类行为独特的食肉植物，也称为食虫植物。它们分布在世界各国，共有500多种，其中最著名的有瓶子草、猪笼草和捕捉水下昆虫的狸藻等。这些植物的叶子能分泌出各种酶来消化虫体，它们通常捕食蚊蝇类的小虫子，但有时也能吃掉像蜻蜓一样的大昆虫。

但是，艾得里安·斯莱克强调说，在迄今所知道的食肉植物中，还没有发现哪一种是像传说中所描述的那样：“这种奇怪的树，生有许多长长的枝条，行人如果不注意碰到它的枝条，枝条就会紧紧地缠来使人难以脱身，最后枝条上分泌出一种极黏的消化液，牢牢把人粘住勒死，直至将人体中的营养吸收完，枝条才重新展开”。

Hui Liu Xue De Shu | 会流血的树

龙血树

在我国西双版纳的热带雨林中普遍生长着一种树，叫作龙血树，当它受伤之后，会流出一种紫红色的树脂，把受伤部分染红，这块被染的坏死木，在中药里也称其为血竭或麒麟竭，与麒麟血藤所产的血竭具有同样的功效。

龙血树是属于百合科的乔木。不太高，十多米，但树干却异常粗壮，直径常常可达一米左右。它那白色的长带状叶片，先端尖锐，像一把锋利的长剑倒插在树枝的顶端。

一般说来，单子叶植物长到一定程度之后就不能继续长粗长高了。龙血树虽属于单子叶植物，但它茎中的薄壁细胞却能不断分裂，使茎逐年加粗并木质化而形成乔木。龙血树原产于大西洋的加那利群岛。全世界共有150种，我国只有5种，生长在云南、海南、台湾等地。龙血树还是长寿的树木，树龄最长的可达6000多岁。

植物名片

名称：龙血树
门：被子植物门
纲：单子叶植物纲
科：百合科
属：龙血树属
产地：东南亚

最奇特的流血植物——龙血树

胭脂树的果实是红色的，它的外面长着柔软的刺，里面藏着许多暗红色的种子

胭脂树

在我国云南和广东等地还有一种被称为胭脂树的树木。如果把它的树枝折断或切开，会流出像血一样的液汁。而且，其种子有鲜红色的肉质外皮，可作为红色染料，所以又被称为红木。

胭脂树属红木科红木属的常绿小乔木，一般高达3~4米，有的可到10米以上。其叶的大小、形状与向日葵叶相似，叶柄也很长，在叶背面有红棕色的小斑点。有趣的是，其花色有多种，有红色的、白色的，也有蔷薇色的，十分好看。红木连果实也是红色的，外面长着柔软的刺，里面藏着许多暗红色的种子。

胭脂树包裹种子的红色果瓤可作为红色染料，用以渍染糖果，也可用于纺织，为丝、绵等纺织品染色。其种子还可入药，为退热剂。树皮坚韧，富含纤维，可制成结实的绳索。奇怪的是，如将其木材互相摩擦，还非常容易着火呢！

会流血的鸡血藤

人有血液，动物有血液，难道植物也有血液吗？有的。在世界上许多地方，都发现了洒“鲜血”和流“血”的树。

我国南方山林的灌木丛中，生长着一种常绿的藤状植物——鸡血藤，总是攀缘缠绕在其他树木上，每到夏季，便开出玫瑰色的美丽花朵。当人们用刀子把藤条割断时，就会发现，流出的汁液先是红棕色，然后慢慢变成鲜红色，像鸡血一样，所以叫鸡血藤。

科学家经过化学分析，发现这种血液里含有鞣质、还原性糖和树脂等物质，可供药用，有散气、去痛、活血等功效。它的茎皮纤维可制造人造棉、纸张、绳索等，茎、叶还可作为灭虫的农药。南也门的索科特拉岛是世界上最奇异的地方之一，尤其是岛上的植物，更是吸引了世界各地的植物学家。据统计，岛上有200多种植物是世界上任何地方都没有的，其中之一就是索克特拉龙血树。它分泌出一种像血液一样的红色树脂，这种树脂被广泛用于医学和美容。这种树主要生长在这个岛的山区。关于这种树，在当地还流传着一种传说，说是在很久以前，一条大龙同这里的大象发生了战斗，结果龙受了伤，鲜血洒在一种树上，这种树就有了红色的“血液”。

血桐

血桐的叶柄位于叶的中间偏上，很像古时候作战用的盾牌，非常容易辨认。由于血桐经济价值不高，农人总会顺手把挡路的血桐枝条折断。枝条断后，树干中心的髓部会流出透明汁液，经空气氧化，风干后颜色会呈现血红色，仿佛流血一般，所以被称为血桐或流血树。

有趣的植物血型

植物的血型是日本一位在警界工作的人发现的。他的名字叫山本，是日本科学警察研究所法医，第二研究室主任。他是在1984年5月12日宣布这一发现的。

植物的血型是偶然发现的。有一次，一名日本妇女夜间在她的居室死去，警察赶到现场，一时还无法确定是自杀还是他杀，便进行血迹检验。经检验死者的血型为O型，可枕头上的血迹为AB型，于是便怀疑是他

杀。可后来一直未找到凶手作案的其他佐证。这时候有人提出，枕头里的荞麦皮会不会是AB型呢？这句话提醒了山本，他便取来荞麦皮进行化验，果然发现荞麦皮是AB型。这件事引起了轰动，促进了山本对植物血型的研究。他先后对500多种植物的果实和种子进行观察，并研究了它们的血型，发现苹果、草莓、南瓜、山茶、辛夷等60种植物是O型，珊瑚树等24种植物是B型，葡萄、李子、荞麦、单叶枫等是AB型，但没找到A型的植物。根据对动物界血型的分析，山本认为当糖链合成达到一定的长度时，它的尖端就会形成血型物质，然后合成就停止了。也就是说，只有在此时才能检验出植物的血型，血型物质起了一种信号的作用。山本发现植物的血型物质除了作为植物能量的贮藏物外，由于本身黏性大，似乎还有着保护植物体的作用。

人类血型是指血液中红细胞膜表面分子结构的型别。植物有体液循环，植物体液也担负着运送养料、排出废物的任务，体液细胞膜表面也有不同分子结构的型别，这就是植物也有血型的秘密所在。但植物体内的血型物质是怎样形成的，至今还没有弄清其原因。植物血型对植物生理、生殖及遗传方面的影响，也都还没有弄明白。

植物血型的广泛用途

关于植物血型之谜，目前还没有全部揭开，但是已开始在侦破案件中应用。据报道，在日本中部地区的某县发生了一次车祸，一名儿童被撞伤，肇事司机跑了。

后来，警察在一个乡村发现了这辆汽车，经过验证轮子上的血型，除了有被撞儿童的O型外，还有B型和AB型。

当时警察认为，这辆汽车除了撞伤这位儿童外，还撞伤或撞死过其他人，但司机只承认撞伤了那名儿童，不承认还撞过其他人。后来经过科学研究所的验证，原来其余两种血型是植物的血型，这样才使案件得到正确处理。此外，植物血型还能帮助破案。比如，根据遇害者胃里的食物化验结果，可以知道死者在遇害前吃过什么东西，从而可发现破案线索。植物体内为什么会存在血型物质，血型物质对植物本身有什么意义，尚待科学家们去进一步研究和探索。

具有O型血的植物——山茶花

有奇异功能的植物

You Qi Yi Gong Neng De Zhi Wu

摩洛哥的奶树

一些到摩洛哥西部游览的观光客，常为自己能够看到一种奇树而感到满足。

奇树的名字叫“彭笛卡撒尼特”，当地话的意思是奶树。奶树高仅3米多，全身红褐色，叶片呈厚皮革样，开的花十分洁白，开过花便在枝头结一个奶苞。奶苞呈椭圆形，前端开口，成熟后便会充满奶汁，稍微一碰触，便从开口处流出黄褐色的奶液来。

专为后代分泌奶汁

令人啧啧称奇的是奶树并不用种子繁殖。当成年的奶树长到一定的时候，树根上便会自然长出棒状的小奶树来。

小奶树慢慢长大，已经到了要独立成活的时候。这时，老奶树便拼命分泌奶汁，使奶苞慢慢胀大，将乳汁滴在地上，养肥了土壤。与此同时，长出小奶树的部位，其上方老奶树的叶子会忽然全部枯萎，露出头顶一方天空来。小奶树幼嫩的黄叶见光以后，马上变成绿色，之后独立地进行光合作用。

能泌盐的大米草

从我国辽宁省西部锦西一直至广东省电白的沿海，不少地方都长着茂密的大米草，好像一条绿色的绸带。

大米草属禾本科多年生草本，丛生，是一种喜水耐盐的植物。它的秆直立，根状茎粗，能迅速蔓延，叶片线状，再生能力强。大米草原产于英国沿海地区，我国引种后生长良好，经过天然杂交，比欧洲海岸的大米草和美洲互生花大米草的植株高大。海滩地带的土壤中，含有大量的盐分，其他植物都不能生长，只有大米草还可以生长。

为了避免盐分过多带来的伤害，大米草的体内不累积盐分，而是通过叶子背面的盐腺分泌盐，把体内多余的盐分排出体外。含氯化钠的液体分泌到叶子的表面，待水分蒸发掉后，分泌液中含的氯化钠就会慢慢地变成盐类的结晶，遗留在叶的表面。

这些遗留在叶子表面的盐分，经风吹雨洗，就纷纷掉下来了；或者到了秋天叶子黄时，随着脱

落的叶子脱离植株体。人们把这种能够分泌盐的植物称为泌盐植物。

具有分泌盐这种特殊功能的植物，不仅仅只有大米草一种，像生长在我国甘肃、新疆等地的瓣鳞花，生长在海滨的马牙头，红树林中的白骨壤，以及柽柳、胡杨等，都属于泌盐植物。

能泌精制食盐的树

在黑龙江省与吉林省交界处，有一种六七米高的树，每到夏季，树干热得就像出了汗。汗水蒸发后，留下的就是一层白似雪花的盐。人们发现了这

个秘密后，就用小刀把盐轻轻地刮下来，回家炒菜用。

据说，它的质量可以跟精制食盐一比高低。于是，人们给了它一个恰如其分的名字，叫木盐树。

能喷火的树

1988年4月16日中午，上海武康路上一棵大槐树突然从粗大的树干上冒出耀眼的火星，从树洞里窜出熊熊的火焰。

当这棵枝叶翠绿的大槐树燃烧的时候，有人急忙向消防部门报了警。几分钟之后，消防车就赶到了现场，消防队员们用灭火器扑灭了乱窜的火苗。人们以为这下就没事儿了，谁知道过了一会儿，腾腾的火苗又从树洞里窜了出来，消防队员又用高压水枪猛射了一阵，才算熄灭了火舌。

这棵树为什么会喷火呢？人们议论纷纷。据消防队的警官推测，可能是地下煤气管道泄露，蓄积在树洞里，散发不出来，有人扔了烟头，点燃了煤气。但经过煤气公司工作人员的现场探漏检查，并没有发现管道有漏气的现象，这个推测被否定了。好端端的槐树为什么会喷火自燃呢？这真是个难解之谜。

会灭火的树

在非洲的安哥拉，生长着一种奇异的灭火树。当地人管它叫梓柯树，这种树四季常绿，有20多米高。当旅行者坐在梓柯树下点火抽烟，或者燃起一堆篝火的时候，就会看到一种难忘的奇观：从梓柯树绿色的枝叶里，喷洒出大量的液汁，把火灭掉。

原来，这种树的枝叶浓密，树枝杈之间长着一个个馒头大的节苞。这些节苞上密布网眼般的小孔，苞里满是透明的汁液，如果节苞遇到火光照耀，汁液就会从网眼小孔里喷洒出去。由于它的汁液中含有灭火物质四氯化碳，火焰碰上它，就很快熄灭了。所以，旅行者就叫它“灭火树”。

降雨树

人们都知道，降雨是一种自然现象，没有降雨云是不会下雨的。即使是人工降雨，也需要降雨云，只是对大自然的模仿。

可是在1985年夏天，很多人发现了一种奇特的降雨现象：浙江省云和

县云丰村小学门口的一棵百年黄檀树，竟然会在烈日之下自动降起雨来。这一年夏天，云和地区天气干旱，很少下雨。可从7月初开始，这棵树就开始自动降雨了，每到中午，树上就会落下绿豆大小的雨点，只要3~5分钟就能把人的全身淋湿了。

更奇怪的是，天气越晴朗，阳光越强烈，雨就下得越大。如果天气变阴、变凉，它马上就不下雨了。这些雨是从什么地方来的呢？根据观察，它来自这棵树的树枝和绿叶。但人们又产生了新的疑问：为什么它以前不下雨？为什么别的黄檀树不下雨呢？

蝴蝶树

在云南省宾川县米汤乡小鸡山前生长着一棵大松树，每年端午节前夕，有成千上万只

蝴蝶从四面八方飞来，聚集在这棵树上。不到两天，成团成串的彩色蝴蝶就挂满枝头，随风微微颤动，把树枝坠成弯月形。

这时候，在满山青松绿叶的衬托下，这棵“蝴蝶树”就像盛开在万绿丛中的一朵鲜艳的花，特别好看。如果有人摇一下树干，树上的蝴蝶就会铺天盖地飞舞起来，如同漫天花雨，五彩缤纷，绚丽无比。但飞起的蝴蝶并不离去，很快又重新飞落到树上，好像对这棵树有难分难舍之情，它们要在这里聚集几天之后，才逐渐离去。

有趣的是，每到秋天，在美国太平洋沿岸的蒙特利森林也会出现这样一幅奇妙的景象：成千上万只艳丽的蝴蝶从北方飞来，落在森林的一棵棵松树上，使墨绿色的松林一下子变成了五光十色的“蝴蝶世界”。直至第二年春天，成群的蝴蝶才悄然离去。这种现象人们一直无法解释。

可做魔床的树

在南美洲亚马孙河流域的原始森林里，生长着一种神奇的小灌木，用它做的床具有非凡的魔力。人们在野外露宿的时候，睡在这种魔床上，就能很快入睡，而且不会有蚊虫叮咬或野兽袭击。如果在白天，人们即使很疲倦，躺在这种床上也不会睡着。

要是把又哭又闹的小孩放在床上，他会立刻停止哭闹。据植物学家研究，这种小灌木在夜间会散发出一种气味，既对人有催眠作用，又能驱赶蚊虫和一些野兽。到了白天，它又会散发出一种清香提神的气味，使人感到神清气爽，毫无睡意，孩子能被这种清香吸引，不哭也不闹。

会走的树和跪拜树

美国有一种会走的树，当地人管它叫苏醒树。这种神奇的树很会保护自己，可以自己选择生活的地方。在水分充足的地方，它会安心生长，而且非常茂盛。一旦到了干旱缺水的时候，它就把根从地下抽出来，卷成一个圆球，随风远走他乡了。只要被风吹到有水的地方，苏醒树就会停下来，把根舒展开再插进土里，开始新的生活。

在非洲突尼斯的桑尔本坦底植物园里有两棵奇怪的小树。它们很细、很矮，枝头上长着条状的小叶，树干上有很多疙瘩。如果有人触摸它，树干就会受刺激，马上弯下“腰”来，好像在给人行跪拜礼。因此，当地人叫它跪拜树。这两棵树长在植物园进口的地方，来这里游玩的人，都喜欢摸摸它们。

Neng Fan Ji
Gan Han
De Zhi Wu

能反击干旱的植物

水对植物的重要性

水是植物体内最多的物质，也是最重要的、无法替代的物质。水分占植物体鲜重的60%~90%，既可作为各种物质的溶剂充满在细胞中，也可以与其他分子结合，维持细胞壁、细胞膜等的正常结构和性质，使植物器官保持直立状态。植物细胞内的物质运输、生物膜装配、新陈代谢等过程都离不开水。

如果没有水，植物就没有办法顺利地散发热量、保护自己不被炎夏的烈日灼伤。如果没有水，植物也没有办法吸收土壤中的矿物质和有机营养。

水不但是植物体自身生长和发育必需的物质条件，也是植物体与周围环境相互联系的重要纽带。

当植物遇到干旱时

当一棵正在旺盛生长的植物所吸收到的水分不能满足自身需求时，最初，叶片只是一点一点地萎蔫。如果不能及时得到水分的补

给，植物就会逐渐放慢甚至停止生长。这样，叶片逐渐干枯、变黄、脱落，整个植株轻则生物量下降、重则死亡。

导致植物干旱的原因有很多，其中一种是由于土壤水分不足，致使土壤盐分浓度增高和有毒物质增多，使植物根系不能吸收水分而萎蔫，还会进一步加深干旱的伤害。那么，植物在干旱来临时就只能被动忍耐、束手无策了吗？

对于绝大多数陆生植物来说，虽然抵御干旱的能力十分有限，尤其是生长在水分较丰富地区的那些很少遇到干旱的湿生植物和中生植物，但是这些植物也都具有一些基本的防旱手段，可以抵御持续时间短的、程度较轻的干旱胁迫。

如果干旱胁迫延长，植物就会加强根系的生长，主根向下伸长进入更深的地底寻找水源，侧根和根毛增多，使植物吸收水分的面积增大，促进水分的吸收。同时减缓地上部分的生长，以减少水分和能量消耗，并转向生殖生长，促进衰老以加速果实和种子成熟，以生物量和产量为代价来换取生命的延长和延续。这也是为什么旱灾经常导致严重的农作物减产的原因。

不惧怕干旱的沙漠英雄花——仙人掌

植物对决干旱

伟大的自然界中总有坚强的斗士。虽然干旱会对植物造成巨大的伤害，虽然植物无法像人和动物一样逃离危险，但即使在墨西哥北部的荒漠高原也遍布着“荒漠之泉”——仙人掌，甚至在那坚硬的石头上都可以看见倔强的“九死还魂草”——卷柏。我们不得不赞叹自然进化的神奇和生命的顽强！

这些不幸生长在缺水干旱环境下的植物又是怎样活下来的呢？如果要用一句话概括，应该是八仙过海、各显其能。

在非洲的撒哈拉大沙漠里生长着一种叫“短命菊”的菊科植物，只要有一点点雨滴的湿润，它的种子就会马上发芽生长，在短暂的几个星期里完成发芽、生根、生长、开花、结果、死亡的全过程。

沙漠中还有一种木贼，它的种子在降雨后10分钟就会开始萌动发芽，10个小时以后就破土而出，迅速地生长，仅仅两三个月就走完了自己的生命历程。它们懂得适应气候特点，避开旱季，利用短暂的雨季或仅一次降雨来完成生长和繁殖。

更多的植物是通过一些特殊的结构上的适应，来保持在干旱环境中生长发育所需的水分，这些植物通常被冠以“耐旱植物”的美称。

例如，一些生长在我国西北沙漠和戈壁中的植物常具有十分发达的根系，能充分利用土壤深层的水分，并及时供应地上器官，就像沙漠中的胡杨树，可以将根扎进地下10多米，顽强地支撑起一片生命的绿洲。

有些植物为了抗旱，退化叶片或将叶片变成鳞片、膜、鞘、革质，以减少蒸腾失水，就像梭梭和柽柳，最大限度地保持和利用那来之不易的有限水分。另外，有些植物具有特殊的控制蒸腾作用的结构，如马蔺叶片表面上具有的厚角质层，沙冬青的叶表面有一层蜡质或灰白色毛，夹竹桃的叶片气孔凹陷等。这些耐旱植物对付旱情的有力措施，都是通过有效地保水或吸水以达到保持水分平衡的目的。

仙人掌科和景天科植物更为特殊，具有肉质结构，贮水组织非常发达。如北美洲沙漠中的仙人掌，一棵植株可以高达15~20米，贮水2000千克以上。

另外，这类植物有特殊的光合固定二氧化碳途径，气孔白天关闭，利用体内固定的二氧化碳进行光合作用。夜晚张开，吸收二氧化碳并固定。这样一来，既可以减少蒸腾量，维持水分平衡，又能同化二氧化碳，这也是保水耐旱的策略。

神奇的复苏植物

自然界中还有一类植物并没有特殊的结构来保水，也没有强大的根系来吸水，但是可以生活在极端干旱的环境里。这类植物采取的是一种相反的策略，即快速彻底地脱水，减弱生理代谢活动，进入一种类似休眠的状态度过干旱时期。而在水分变得充足时又快速地吸收水分，恢复生活状态，继续完成其生活史。

在休眠至生长的这个过程中，这些植物表现出形态结构上的可见变化，干旱时叶片发生卷曲、变硬、失绿，复水时逆转，重新变得舒展、柔软、鲜绿，就像它死而复生一般，因此人们把这类植物称为复苏植物。

对此，英语里有个非常有趣的表达，称它们为干而不死。我国明代的《本草纲目》中记载过的“九死还魂草”卷柏，就可以在晾干后经浸水而还生。据说卷柏的干标本在时隔11年之后浸在水里，居然还能奇迹般地还魂复活并恢复生机。

笔者也曾将一种名为牛耳草的苦苣苔科植物风干5年后放在湿滤纸间，几个小时后就复苏了。所以可以看出，这类植物的适应策略是耐旱但不保水。

科学研究告诉我们的真相

细胞学和分子证据显示，低等复苏植物和高等复苏植物在干旱和复水过程中的表现和方式是不同的，后者的显然更经济划算。虽然很多陆生植物的种子和花粉能够耐脱水，但复苏植物是却是唯一能够以叶子等营养器官去忍耐脱水的一类植物。

最新的理论推测耐脱水性是一种古老的性状，大概在植物从水生向陆生进化的过程中获得的。但由于陆生植物获得了越来越有效地吸收、运输和保持水分的结构，如维管组织，这种耐脱水能力仅仅被保留在种子和花粉中，而在叶片等营养器官中被丢失了。只有生活在长期或季节性干旱生境中的一些植物，在长期适应性进化过程中对种子中的耐脱水程序进行重新编程，使之在营养器官中重现而重新获得复苏能力。

人类的不断探索

对自然奥妙的好奇一直是科学进步的主要动力之一。虽然植物干旱反应与适应这个问题在人类孜孜不倦的努力探索下已经大概明了，但是，关于各种避旱植物和耐旱植物适应干旱的分子机理、环境影响与遗传控制，以及能否加以利用来改良农作物的抗旱性，仍然是很多科学工作者正在努力攻关的难题。

净化空气的能手——仙人球

Neng Tan Kuang De Zhi Wu 能探矿的植物

有去无回的山谷

在美洲有一个神秘的山谷，那里土壤肥沃、风和日丽，但到那里居住的人都很难逃脱死亡的命运，因此当地的印第安人称它为“有去无回谷”。后来，欧洲移民定居那里，耕耘播种，种出了庄稼，获得了丰收。可是好景不长，一种莫名其妙的怪病使他们惊恐不安。

患了这种病的人，眼睛慢慢失明，毛发逐渐脱落，最后体衰力竭而亡。这个山谷又荒芜了。

直至第二次世界大战结束后，地质人员到那里探矿，才揭开了其中之谜。原来，那里地层和土壤中含有大量的硒，同时又缺少硫，植物为了能正常生长，就拼命地从土壤中吸收与硫性质相近的硒，以补充硫的不足。

硒有毒，庄稼中富集了大量的硒，人们食用过后就会患这种怪病，然

后就会面临死亡。地质学家弄清了“有去无回谷”的真相后，受到了很大的启发，并且发现植物可以帮助人们寻找矿藏。

在我国和朝鲜的边界地区，生长着一种铁桦树。它木质坚硬，甚至连铁钉都很难钉进去，这是由于它吸进了大量硅元素的缘故。因此，在铁桦树生长茂盛的地方，就有可能找到硅矿。

上图：能够帮助人们找到硅矿的植物——桦树

下图：能够帮助人们找到铜矿的植物——香薷

能够指示锌矿位置的植物——鬼脸花

能够指示铀矿位置的喇叭花

能预测矿种的植物

在我国的长江沿岸生长着一种叫海州香薷的多年生草本植物，茎方形，多分枝，花呈蓝色或蔚蓝色。科学家研究证明，这种花的颜色是含铜造成的。海州香薷很喜欢吸收铜元素，当吸收到体内的铜离子形成铜的化合物时，花便呈蓝色。

所以，凡是这种草丛生的地方，就有可能找到铜矿。1952年我国地质工作者在海州香薷大量生长的地方发现了大铜矿，因此香薷又有了“铜草”的美名。

在乌拉尔山区，地质学家以一种开蓝花的野玫瑰为向导，发现了一个很大的铜矿。有人还根据一种叫灰毛紫穗槐的豆科植物找到了铅矿，根据堇菜找到了锌矿。

此外，地质工作者还发现，在大量生长七瓣莲的地方，可能找到锡矿；在密集生长长针茅或锦葵的地方，可能找到镍矿；在茂盛生长喇叭花的地方，可能找到铀矿；在开满铃形花的地方，可能找到磷灰矿；在忍冬

丛生的地方，可能找到银矿；在问荆、凤眼兰生长旺盛的地方，地下往往藏有金矿；在羽扇豆生长的地方，可能会找到锰矿；在红三叶草生长的地方，可能找到稀有金属钼矿。

有趣的是，一些生长畸形的植物也往往是人们找矿的好向导。有一种名叫猪毛草的植物，当它生长在富含硼的土壤中时，枝叶变得扭曲而膨大；青蒿生长在一般土壤中时，植株高大，而生长在富含硼的土壤中时，就会变得矮小。根据它们的这种畸形姿态，便可能找到硼矿。有的树木会患一种巨枝症，枝条长得比树干还长，而叶片却变得很小，这种畸形的树可指示人们找到石油。

根据植物花的颜色变化，人们也可以找到相应的矿藏。比如，铜可以使植物的花朵呈现蓝色；锰可以使植物的花朵呈现红色；铀可使紫云英的花朵变为浅红色；锌可以使三色堇的花朵蓝黄白三色变得更加鲜艳；而锰又可使植物的花朵失去色泽；等等。科学家把这些能够报矿的植物称为找矿的“指示植物”。

指示植物之所以能够指示矿藏，是因为生长在土壤深处的真菌能分解矿物，使金属原子溶于地下水中，而植物的根能吸收水中的金属原子，然后输送到茎秆和花、叶里，此种金属原子对花草树木的高矮和花瓣的颜色会产生影响，因此花草树木的高矮及花瓣的颜色，能为人们提供矿藏的信息。

由于植物具有将土壤中或水中的矿物质元素富集到体内的奇特本领，所以它们不仅可帮助人们找矿，而且还是采矿能手。

能提取矿物质的植物

在地球上，有些矿物质比较分散，有的矿藏含量很低，提炼起来比较困难，开采需要付出很大代价，于是人们就用一些植物来帮助开采。

例如，地质学家在揭示“有去无回谷”的奥秘之后，就在那里种上许多紫云英，紫云英从土壤中吸收大量硒，积存在体内，然后人们把它割下来，晒干、烧成灰烬，再从灰中提取硒，从每公顷紫云英中可得到2000克的硒。

在巴西的缅巴纳山区，生长着许多暗红色的小草，这种草嗜铁如命，

在体内富集了大量的铁元素，它的含铁量甚至比相同重量的铁矿石还高，因此人们称它为“铁草”。把这种草收割起来，经提取后即可得到高质量的铁。无独有偶，有一种锌草喜欢生长在含锌丰富的土壤中，它的根系从土壤中吸收锌并贮存在体内。用锌草来提取锌，从燃烧后的每千克锌草的灰烬中可得到294克锌。

黄金是贵重金属，将玉米种植

上图：将玉米种植在含有金矿的地方，便可以从玉米植株中提取黄金

下图：巴西的铁草收割后可提取到高质量的铁

将紫苜蓿种植在含有钽的土壤中，可以提取高含量的钽

在地下有金矿的地方，便可以从玉米植株中提取黄金，捷克科学家从1000克玉米灰里获得了10克黄金。后来，日本地质学家发现马鞭草科的一种落叶灌木薮紫，对金元素具有极强的吸收能力，所以从这种植物体中也可以提取到黄金。

钽是一种稀有金属，提炼很困难，价格昂贵。紫苜蓿具有富集钽的本领，人们将它种植在含有钽的土壤中，从大约0.4平方千米的紫苜蓿中可提取出200克钽。另有一种亚麻科植物，对铅元素具有较强的吸收能力，在它燃烧后的灰里，氧化铅含量可高达52%，简直成了植物“矿石”。

人们还可以利用水生植物从水中采取矿物质或回收废水中的贵重金属。如生长在大海里的海带，能从海水中富集大量的碘元素，因此人们就把它作为向大海要碘的好帮手。

又如，水浮莲能从废水中吸收金、银、汞、铅等重金属。据测定，一亩水浮莲每4天就可从废水中获取75克汞。

正是因为植物具有富集一些矿物质元素的本领，所以人们可以有目的地筛选和培育出适当的植物，来帮助人类采矿。

植物探矿的奥秘

人们通过寻找锌草而发现了锌矿，通过海州香薷而发现了铜矿，通过某地区的向日葵、冷杉等植物发现了一座金矿。那么，植物为什么能够指引人们探矿呢？

道理并不复杂。植物在生长发育过程中，必须从土壤中吸收各种矿物质。土壤中某种矿物质过多必然会影响到植物的生长。比如，开红花的野玫瑰如果吸收了大量的铜，就会开出蔚蓝色的花，这一异常变化就会提醒人们在当地可以寻找铜矿。

又如海州香薷在含铜多的土壤中长得特别茂盛，如果人们追寻到海州香薷的踪迹，就能够发现铜矿。

有些常见的植物也能够指示矿藏的存在。猪毛草是种常见的野草，一般都生长在盐碱地上，要是发现它的枝叶呈膨大而扭曲的样子，那么当地就可能有硼矿。

蒿在一般土壤中长得都很高，但如果土壤中含硼量特别高，它就会变成“小矮子”。

有些植物甚至还能替人们采矿呢！有一种植物叫红车轴草，又名红花苜蓿，它是一种很好的牧草，也可当作绿肥。

它有一个特殊的本领，能吸收土壤中的稀有金属——钼。这种金属是机械工业和电子工业中不可缺少的物质，但天然的钼在地壳里不但很少，还很分散，很难采集。科学家曾想从红车轴草叶子中提取钼，由于耗费太大，不便推广。后来，有人发现红车轴草的花中含有大量的钼。于是培养了一种蜂，专门吃这种花的花蜜，然后再从蜂蜜中提取钼，从700千克蜂蜜中可提取200克钼，而且蜂蜜的质量并不降低，仍可供人类食用。真是钼、蜜双丰收，一举两得。

Neng Yu Ce Huan Jing De Zhi Wu | 能预测环境的植物

神奇的指示植物

姹紫嫣红，满园鲜花；青松、翠竹，绿海无涯。在植物这个奇妙的王国里，还有些植物具有神奇的指示作用。如果你稍加留意的话，就可以发现一个有趣的现象：牵牛花的颜色早晨为蓝色，到了下午却变成了红色。这是为什么呢？

原来，牵牛花中含有花青素，这种色素具有魔术师般的本领，当遇碱性时为蓝色，而遇酸性时变为红色。随着一天从早晨至晚上空气中二氧化碳浓度的增加，牵牛花对它的吸收量也逐渐增加，花朵中的酸性也不断提高，从而造成牵牛花的颜色由蓝变红。由此可见，牵牛花对空气中的二氧

牵牛花的颜色早晨为蓝色（左图），下午却变成了红色（右图）。这是由于空气中的二氧化碳增加造成的，所以可以用牵牛花监测环境质量

化碳的含量具有指示作用，所以称这类植物为指示植物。

随着人类对原子能的广泛利用，辐射危害也日益受到人们的重视。有一种叫紫鸭跖草的植物，它的花为蓝色，但受到低强度的辐射后，花色即由蓝变为粉红色，所以紫鸭跖草是测量辐射强度的指示植物。

> **植物名片**
>
> 名称：雪松
> 门：裸子植物门
> 纲：松杉纲
> 科：松科
> 属：雪松属
> 产地：亚洲西部

监测环境污染的植物

利用指示植物还可以监测环境污染的状况。比如，在绿化树种中，树姿优美、常年碧绿的雪松，对二氧化硫和氟化氢很敏感，若空气中有这两种气体存在时，它的针叶就会出现发黄变枯现象。因此，当见到雪松针叶枯黄时，在其周围地区往往可以找到排放二氧化硫和氟化氢的污染源。

监测二氧化硫
的优秀“监测
员”——向日葵

科学家研究发现，高大的乔木、低矮的灌木和众多的花草，以及苔藓、地衣等一些低等植物，都可以作为监测环境污染的指示植物。它们是忠实可靠的“监测员”和“报警器”，在空间的不同层次组成了庞大的监测网。这些植物是：紫花苜蓿、雪松、日本落叶松、核桃、向日葵、灰菜、胡萝卜、菠菜、芝麻、栀子花等，可监测二氧化硫。

郁金香、落叶杜鹃、大叶黄杨、桃、杏、唐菖蒲、海棠、苹果、山桃、毛樱桃、小叶黄杨、油松、连翘、玉米、洋葱等可监测氟化氢。

女贞、樟树、丁香、牡丹、紫玉兰、垂柳、葡萄、苜蓿等可监测臭氧；向日葵、杜鹃、石榴等可监测氧化氮；矮牵牛、烟草、早熟禾等可以监测光化学烟雾。

此外，落叶松可监测氯化氢；柳树可监测汞；紫鸭跖草可监测放射性物质。

指示植物能监测环境污染的奥秘

那么，指示植物为何能监测环境污染呢？因为不同植物在生理上存在着特异性，故对不同的污染物质表现出的反应和敏感性也不一样，

上图：可以监测二氧化硫的栀子花

中图：可以监测空气中臭氧的牡丹花

下图：可以监测氟化氢的海棠花

可以监测空气中氧化氮的石榴树

受害后出现的症状各异。

当大气受到二氧化硫、氟化氢、氯气等污染时，这些有害气体可以通过叶片上的气孔进入植物体内，受害的部位首先是叶片，叶片会出现各种伤斑。不同的有害气体所引起的伤斑也不一样：二氧化硫进入植物体内，伤斑往往出现在叶脉间，呈点状和块状，颜色变成白色或浅褐色；氯能很快地破坏叶绿素，使叶片产生褪色伤斑，严重时甚至全叶漂白脱落。

光化学烟雾含有各种氧化能力极强的物质，可使叶片背面变成银白色、棕色、古铜色或玻璃状，叶片正面出现一道横贯全叶的坏死带，严重时整片叶子变色，很少发生点状和块状伤斑。

二氧化氮会使叶脉间和近叶缘处出现不规则的白色或棕色解体伤斑。臭氧往往使叶片表面出现黄褐色或棕褐色斑点。氟引起的伤斑大多集中在叶尖和叶的边缘，呈环状和带状。

指示植物不仅能告诉人们大气受到哪种有害气体的污染，同时还能粗略

监测臭氧的优秀“监测员”——丁香花

地反映出污染的程度。所以人们称赞这些植物是保护环境的“监测员”。根据监测结果，即可采取有效的治理措施。

指示植物的优点

1.比使用仪器成本低，方法简单，使用方便，预报及时，适于开展群众性监测活动。在工厂的四周栽种一些指示植物，既可监测污染，又美化了环境，一举两得。

2.对污染很敏感，在人还未感觉到，甚至连仪器还测试不出来的时候，一些植物却出现了明显的受害症状，或花朵变色，或叶呈斑点。

3.植物不仅能监测现时的污染，而且还能指示过去的污染情况。比如，根据一些树木年生长量的变化，尤其是根据树干的年轮，估测过去30年中大气污染的程度，结果相当准确，而这些用一般仪器是测不出来的。

Neng Ting Ge
Tiao Wu
De Zhi Wu

能听歌跳舞的植物

听音乐高产的农作物

加拿大有个农民进行过一个有趣的试验，他在小麦试验地里播放巴赫的小提琴奏鸣曲，结果听过乐曲的那块地获得了丰产，它的小麦产量超过其他地块产量的66%，而且麦粒又大又重。

20世纪50年代末，美国农学家在温室里种下了玉米和大豆，同时控制温度、湿度、施肥量等各种条件，随后在温室里用录音机24小时连续播放著名的《蓝色狂想曲》。

不久，他惊讶地发现，听过乐曲的籽苗比其他未听乐曲的籽苗提前两个星期萌发，而且前者的茎干要粗壮得多。农学家对此感到很出乎意料。

左图：听过音乐的玉米的产量比没有听过音乐的玉米要高出许多

右图：给番茄播放音乐后，番茄不仅产量增加，个头也大了一倍

后来，农学家继续对一片杂交玉米的试验地播放乐曲，一直从播种到收获都未间断。结果又完全出乎意料，这块试验地比同样大小的未听过音乐的试验地，竟多收了700多千克玉米。他还惊喜地看到，收听音乐长大的玉米长得更快、颗粒大小匀称，并且成熟得更早。如果能在农田里播放轻音乐，就可以促进植物的生长并获得大丰收，这似乎不是遥远的事情了。

美国密尔沃基市有一位养花人，当向自家温室里的花卉播放乐曲后，他惊奇地发现这些花卉发生了明显的变化：这些栽培的花卉发芽变早了，花也开得比以前茂盛了，而且经久不衰。这些花看上去更加美丽，更加鲜艳夺目。

通过在番茄枝干上悬挂耳塞机的办法，让番茄听悠扬的音乐，奇迹出现了，这棵番茄长得又高又壮，结的果实也又多又大，最大的一个竟有2000克。

不同植物的不同音乐爱好

那么，番茄到底喜欢听哪种音乐呢？人们继续做试验，对一些番茄有的播放摇滚乐曲，有的播放轻音乐，结果发现听了舒缓、轻松的音乐的番茄长得更为茁壮；听了喧闹、杂乱无章的音乐的番茄则生长缓慢甚至死去。原来番茄也有对音乐的喜好和选择。

几乎所有的植物都能听懂音乐，而且在轻松的曲调中茁壮成长。甜菜、萝卜等植物都是音乐迷。有的国家用听音乐的方法培育出2500克重

的萝卜、小伞那样大的蘑菇、2700克重的卷心菜。黄瓜、南瓜喜欢箫声；番茄偏爱浪漫曲；橡胶树喜欢噪声。美国科学家曾对20种花卉进行了对比观察，发现噪声会使花卉的生长速度平均减慢47%；播放摇滚乐，就可能促使某些植物枯萎，甚至死亡。

植物听音乐的原理是什么呢？原来那些舒缓动听的音乐声波的规则振动，使得植物体内的细胞分子也随之共振，加快了植物的新陈代谢，从而使植物的生长加速。

会跳舞的舞草

在我国的广西、福建、台湾，以及越南、印度等地生长着一种会跳舞的草，人们叫它舞草。舞草与大豆一样属豆科，是大豆的近亲。它的叶片是由3片叶组成的复叶，中间的那片叶特别大，为长圆形，而两侧的叶子很小。开紫红色的花，结一种直镰刀形的荚果。有趣的是，舞草的两片小叶可自由地回转运动，大约每分钟转一次；中间的大片叶只作角度约为6°~20° 的摇摆运动，看上去好像在不停地跳舞。

舞草舞动之谜

舞草为什么会跳舞呢？科学家通过观察发现，舞草的跳舞行为与阳光有关系。如把舞草移到黑暗的地方，它的动作就会慢慢减弱，直至最后停止；如再把它移回阳光下，它就又开始舞起来了。此外，舞草的跳舞行为与温度也有关系。如外界温度达到30℃，西侧的小叶跳得最欢，而且舞步呈圆圈状；如气温低于或高于30℃，它就跳得没有那么畅快，并且舞步呈椭圆形。

科学家们经过研究，进一步揭开了舞草跳舞的奥秘。原来，舞草叶柄的叶座细胞在阳光和温度的刺激下，会收缩或者舒张，由此导致了叶片的运动。这种运动有利于舞草本身的生存：减少阳光的直射面积，减少水分的蒸腾，防止昆虫等动物的危害。

研究表明，如果长期给橡胶树播放噪声音乐，橡胶的产量会有不同程度的提高

Wen Suo Wei Wen
De Qi Yi Zhi Wu

闻所未闻的奇异植物

胎生植物

在一些热带海边的沙滩上，生长着一种胎生植物群落，这就是红树林。这种红树林的种子成熟后并不脱落，而是在母树上继续发育，直至长成具有支撑根和呼吸根的棒状幼苗，随风跌落到海滩泥地上，便独立生长、成林。

温血植物

澳大利亚科学家发现了一些“温血植物”，无论外界环境如何，植物花朵的温度总是保持恒定状态。他们把这类植物命名为温血植物。例如葛芋花的温度约为38℃，而外界气温为20℃时，其温度还维持在40℃左右。温血植物的这种温度调节能力是为了把自身的花朵当成一个微型小环境，从而吸引昆虫，提高授粉概率。

伪装的生石花

生石花生活在非洲南部的沙漠地区，它的颜色、形状与卵石相似，叶肥厚多汁，呈卵石状，能贮存水分。生石花开金黄色的花，非常好看，不过一棵只开一朵花，而且只开一天就凋谢。

生石花生成这个样子，当然是为了鱼目混珠、蒙骗动物、避免被吃掉。生石花喜欢与沙砾乱石为伴，要是离开了这种环境就很难活命。

会释放毒素的植物

科学家研究发现，有些植物在受到虐待时会反抗。如个别人把花盆当烟灰缸使，在花根上摁灭烟头，这种行为会让受到伤害的花草非常“气愤”，它们会对伤害自己的恶徒释放有害化合

上图、下图：伪装成卵石形状的生石花

物。再比如，如果把西红柿的植株搬到卧室过夜，又忘记给它浇水，它就用释放清醒剂的方式向主人发出“抗议”。

英国生物学家迈森就尝过植物“造反”之苦。他屋里有一棵小榕树，他一直对小榕树悉心照料。后来，迈森由于忙于工作，冷落了小榕树。意想不到的是迈森的妻子便患上以前从未有过的好几种怪病，怀孕后又得了严重的中毒症，医生费尽心机也没能保住胎儿。经过反复思考之后，聪明的迈森猜测到造成妻子身上发生的一系列怪现象的原因，可能就是疏于对小榕树的照料，因而小榕树便对让它失宠的主人进行报复，对其夫人释放毒素。迈森将榕树搬走后不久，妻子的怪病果然全好了。

科学家还发现，植物们在同伴受到损害时也敢于“拔刀相助”。美国犯罪研究中心的巴科斯塔博士做过用植物来鉴别犯人的一系列试验：在有两棵植物的房间里，相继进入6人，其中一人将一棵植物的茎折断了。然后，他在未被折断的那棵植物上接上电极，再唤出那6个人。当那位毁伤其同伴的人进来时，被测植物的感情波动曲线竟然出乎人们意料地剧烈跳

紫甘蓝对水的要求比较高，忽视浇水它则以叶枯表示“抗议”

动起来，仿佛在指证："罪犯"就是他。由此可见，植物们是具有辨别能力的。

给自己看病的植物

植物也有它们的"医生"，而且它们会用特殊的方法邀请医生来看病。最近，日本生态学研究中心的科学家发现，植物的叶子被虫子咬伤后会散发出一种特殊的香味，吸引来植物"医生"，即虫的天敌。研究人员发现，植物普遍拥有产生清香的酶。植物叶片受伤后会流出绿色的汁液，同时散发出特殊的香味，其中含有一些挥发性信息化合物，可以引诱害虫的天敌前来清除害虫。

卷心菜叶片受到菜粉蝶幼虫的啃食后，释放出的特殊香味可吸引远处的菜粉蝶的天敌粉蝶盘绒茧蜂。卷心菜叶片受到菜粉蝶幼虫咬食一小时后，有很多的寄生蜂飞向遭受虫咬的植株，只有5%的寄生蜂飞向没遭受虫咬的植株。研究人员表示，这个研究可以帮助那些不能散发挥发性信息化合物的植物来防虫。比如，十字花科的拟南芥就不能吸引植物"医生"。于是，研究人员利用转基因方法，将青椒合成香味酶的基因导入拟南芥中。拟南芥经转基因操作后，一旦被菜粉蝶的幼虫啃食叶片，它散发的清香便会增强。这种清香会传播得很远，吸引来菜粉蝶的天敌粉蝶盘绒茧蜂。这种寄生蜂把卵产到菜粉蝶幼虫身上，在菜粉蝶幼虫形成蛹之前就可以把幼虫吃个精光。

植物名片

名称：卷心菜
门：被子植物门
纲：双子叶植物纲
科：十字花科
属：芸薹属
产地：地中海沿岸

Zhi Wu Yu Dong Wu He Zuo 植物与动物合作

蚂蚁和金合欢

非洲肯尼亚大草原上的金合欢树都长满了锐利的刺，这是为了防止食草动物侵犯它们而进化成的有力武器。其中有一种金合欢树还另外长着一种特殊的刺，刺中空，下端膨大，风吹过时会发出像哨子一样的声音，所以，它们被叫作哨刺金合欢。

在哨刺里头，经常进进出出一种褐色举腹蚁。非洲的草原在旱季土地变得干裂，因此，不适合蚂蚁在地下建巢，蚂蚁就把家安在了金合欢树上，住在空心的刺里头当起了房客。当长颈鹿等大型食草动物小心翼翼地

躲开刺去吃金合欢树上的嫩叶时，扯动了树枝，举腹蚁觉察到后便蜂拥而至，拼命地叮咬长颈鹿的舌头，迫使长颈鹿离开。

金合欢树为了留住蚂蚁当保护神，还慷慨地为它们准备了美味的食物：在树叶基部有蜜腺分泌蜜汁供举腹蚁享用。除了这种褐色举腹蚁，还有两种举腹蚁也以金合欢树为家。一棵金合欢树上只能生活着一种蚂蚁。如果有两种蚂蚁撞到了一起，它们就会展开你死我活的决斗，直至有一方独霸金合欢树。

在战争中，褐色举腹蚁往往占优势，大约一半以上的金合欢树都被这种举腹蚁占据。蚂蚁和金合欢树的相互关系，是一种互利共生的关系：蚂蚁需要金合欢为它提供食宿，而金合欢也需要蚂蚁保护自己少受食草动物的侵害。

蚂蚁还能清除与金合欢树竞争的其他植物，它们能咬断缠绕在金合欢上的其他植物，以保证金合欢有良好的生存环境，不致被其他植物排挤。

树栖蚁和蚁栖树

南美洲巴西的密林中，生长着一种属于桑科植物的蚁栖树。

这种树的树干中空有节，像竹子一样，叶子却是像蓖麻那样的掌状单叶。树干表面密布着无数的小孔，仔细看就可以看到有些蚂蚁从这些小孔进进出出。在同一密林中，生长着一种森林害虫，这就是专吃各种树叶的啮叶蚁。但这种啮叶蚁对蚁栖树却无可奈何。原因是蚁栖树上同时生长着另一种叫“阿兹特克蚁”的益蚁，也叫树栖蚁。原来，蚁栖树中空的躯干是树栖蚁的理想住宅。

每当啮叶蚁前来侵犯它的住房时，树栖蚁们团结起来奋勇迎敌，坚决将啮叶蚁驱逐出境，保卫房主的树叶安然无恙、郁郁葱葱。

蚁栖树不仅为树栖蚁提供免费住所，还产一种小果子专供树栖蚁享用。这是因为蚁栖树的每个叶柄基部长着一丛细毛，其中长出一个小球，叫“穆勒尔小体”，是由蛋白质和脂肪构成的，给益蚁提供了富含蛋白质和脂肪的食物。奇怪的是，这些小果子被搬走以后，不久又生出新的来，使益蚁长期有东西吃。树栖蚁为报答房主的殷勤款待，不但可以驱赶和消灭各种食叶蛀木害虫，特别是啮叶蚁，也倾全力为蚁栖树做其他好事。比如，树栖蚁精心清除树上有害的真菌，帮助蚁栖树同讨厌的藤本植物进行

植物名片

名称：金鱼草
门：被子植物门
纲：双子叶植物纲
科：玄参科
属：金鱼草属
产地：地中海地区

斗争等。

在树栖蚁的保护下，蚁栖树已经丧失了同类植物所具备的各种防卫能力，所以，一旦失去了树栖蚁的保护，它便无法生存了。

金鱼草与蜜蜂

金鱼草，也叫龙头花，它是唇形花冠，但是唇形花冠的上下唇老是互相扣紧闭合着。雌蕊、雄蕊和蜜腺都闭锁在花筒里面，在这样的一种结构面前，如果昆虫太小，就不能拨开下唇，进入花内。如果昆虫太大，虽然拨开下唇，也不能进入里面。只有像蜜蜂这样的中等大小的昆虫，既能拨开下唇，又能进入花冠筒内。当蜜蜂探身进入花冠筒时，它的背部就接触到了花药和柱头，由于花药在两侧，柱头在中央，因此同一朵花的花粉不致被蜜蜂带到自己的柱头上，而蜜蜂背部带来的其他花的花粉正好触在这朵花的柱头上，从而完成了异花传粉。

Wei Shen Me Zhi Wu Hui Luo Ye 为什么植物会落叶

香山的黄栌

北京香山的红叶主要是黄栌。黄栌又称栌木，为漆树科落叶丛生灌木或小乔木，高3~4米，其叶单生，叶柄细长，犹如一面小团扇。初为绿色，入秋之后渐变红色，尤其是深秋时节，整个叶片变得火红，极为美丽。

黄栌花小而杂性，黄绿色，花开时满树小花长着粉红色的羽毛，远远望去犹如烟雾缭绕，别有一番情趣，所以欧洲人称黄栌为“烟雾树”。

黄栌原产于我国北部及中部，除北京香山之外，长江三峡的红叶也主要由它所构成。黄栌的木材可制黄色染料，过去帝王穿的黄云缎多用它制成的染料染色。

叶子秋日变红的原因

树木的叶子为何秋日变红呢？原来绿色植物的叶片里含有多种色素，这就是叶绿素、叶黄素、胡萝卜素和花青素等。在植物的生长季节中，由于叶绿素在叶片中占有优势，所以叶片保持着鲜绿的颜色。

到了秋季，气温下降，叶绿素合成受阻，遭到的破坏则与日俱增，所以叶黄素、胡萝卜素占了优势，叶片就呈黄色。红叶树种深秋时在叶片中产生了一种叫花色素苷的红色素，所以叶片呈现出美丽的红色。在自然界中还有一些植物如紫叶李、红苋等，它们的叶子在全部生长季节中都是红的，这是由于红色素在这些植物叶片中常年都占据优势的缘故。

叶片的衰老

早在20世纪40年代，科学家们就认为衰老是有性生殖耗尽植物营养所引起的。

不少试验都证明，把植物的花和果实去掉，就可以延迟或阻止叶子的衰老，但问题并不是那么简单。

如果有兴趣不妨进行这样一个试验，在大豆开花的季节，每天都把部分植株生长的花芽去掉，你会发现与不去花芽的植株相比，去掉花芽的大

黄栌，拉丁学名为*Cotinus coggygria* Scop.属于被子植物门，双子叶植物纲，无患子目植物。

豆的衰老显著地延迟了。

经过进一步观察，人们还会发现，许多植物叶片的衰老发生在开花结果以前，比如雌雄异株的菠菜的雄花形成时，叶子已经开始衰老了。

随着研究工作的逐步深入，现在知道，在叶片衰老过程中蛋白质含量显著下降，核糖核酸含量也下降，叶片的光合作用能力降低。

在电子显微镜下可以看到叶片衰老时叶绿体被破坏，这些生理变化和细胞学的变化过程就是衰老的基础，叶片衰老的最终结果就是落叶。

植物名片

名称：黄栌
门：被子植物门
纲：双子叶植物纲
科：漆树科
属：漆树属
产地：中国华北、西南

从形态解剖学角度研究发现，落叶与紧靠叶柄基部的特殊结构——离层有关。在显微镜下可以观察到离层的薄壁细胞比周围的细胞要小，在叶片衰老过程中，离层及其临近细胞中的果胶酶和纤维素酶活性增加，结果

秋季最灿
烂夺目的植
物——黄栌

使整个细胞溶解形成了一个自然的断裂面。

但叶柄中的维管束细胞不溶解，因此衰老死亡的叶子还附着在枝条上。不过这些维管束非常纤细，秋风一吹它便抵挡不住，断了“筋骨”，整个叶片便摇摇晃晃地坠向地面。

为什么是秋风扫落叶

说到这里你也许要问，为什么落叶多发生在秋天而不是春天或夏天呢？

其实，走在马路上就可以找到答案。仔细观察一下最为常见的行道树法国梧桐，你会发现深秋时节大多数梧桐叶已落尽，而靠近路灯的树上，却总还有一些绿叶在寒风中艰难地挺立着。

因此，我们可以得出这样的结论，影响植物落叶的条件是光而不是温度。

实验证明，增加光照可以延缓叶片的衰老和脱落，而且用红光照射效果特别明显；反过来缩短光照时间则可以促进落叶。

夏季一过，秋天来临，日照时间逐渐变短，提醒植株冬天来了。

科学家们经过艰苦努力，找到了能控制叶子脱落的化学物质，它就是脱落酸，脱落酸能明显地促进落叶，这在生产上具有重要意义，在棉花的机械化收割中，碎叶片和苞片掺进棉花后严重影响了棉花的质量，因此在收割以前，人们先用脱落酸进行喷洒，让叶片和苞片完全脱落，保证了棉花的质量。

还有一些激素的作用正好相反，赤霉素和细胞分裂素则能延缓叶片的衰老和脱落。

落叶着地时叶背向上之谜

如果我们留心看地上的落叶的话，就会注意到落叶着地时叶背总是向上的，为什么呢？

原来这是由叶的内部结构决定的。取一片叶子做一个薄薄的横切，放在显微镜下观察，就会发现叶的两面结构是不同的，叶的表面上下两层表皮，表皮之间是叶肉组织，其中靠近上面表皮的叫栅栏组织，它的细胞排列紧密，比重较大；靠近背面下表皮的叫海绵组织，它的细胞排列疏松，比重较小。

所以，落叶着地时，比重较大的正面就会先着地，叶背总是向上。但是还有很多问题依然在等待我们不断去探索、去研究。

Zhi Wu
You Xing Bie
Zhi Fen Ma

植物有性别之分吗

植物名片

名称：月季花
门：被子植物门
纲：双子叶植物纲
科：蔷薇科
属：蔷薇属
产地：中国

植物的雌雄

我们所欣赏的花蕊是植物的两性器官，就是柱头和花药。沿着柱头下去就是子宫，相当于雌性器官，因为里面有卵细胞，是完成受精和孕育种子的地方。花药是雄性器官，其中藏着成千上万个花粉。当你触摸花时，沾到手上的黄色粉末就是花粉。

以上所描述的花朵中包含两种生殖器官，它们属于两性花。像月季花、百合花、玉兰花等都属于两性花，属于雌雄同株同花类的植物。

还有一些植物，如玉米、南瓜、马尾松等在同株上形成两种性别的花，属于雌雄同株异花类植物。但杨树、柳树、银杏树、罗汉松等，则有明显的雌树和雄树之分。雄树上形成雄性的花器官，雌树上形成雌性的花器官。

属于雌雄异株的植物，如果周围没有雄树，雌树就不会结果。比如，我们吃的开心果，果园里就不能只载雌树，必须间隔一段距离栽些雄树。

百合，拉丁学名为*Lilium brownii* var. *viridulum*，属于被子植物门，单子叶植物纲，百合目植物。百合花是著名的两性花

人类对植物性别的利用

植物科学家们研究发现，与动物一样，植物的性别也是由存在于染色体上的基因决定的，通过对植物种子或幼苗进行染色体的检查，就能准确地鉴别出杨树、柳树、银杏树等树木的性别了。

这样，在林业生产活动中，就可以根据不同需要选择雄株还是雌株。大麻以收获纤维为栽培目的，雄株比雌株生长速度快、纤维质量好，当然栽培雄株比较经济。如果以收获种子为栽培银杏树的目的，就要选择雌株。作为城市绿化的行道树，则选择雄株比较好。当然，那些对于开花时会散出很多讨厌的絮状物的雄性杨树，在选择行道树时，肯定要在幼苗期就将其淘汰了。

花的性别虽然主要取决于遗传因素，但也受环境条件的影响。在生产实践中，如果适当调节光照、昼夜温差和水、肥，可以人为控制花的性

现存最古
老的孑遗植
物——银杏

别。例如，施氮肥、多浇水，有利于雄花发育。

关于植物性别的利用，还有许多典型的实例。杂交水稻的形成，就是利用雄性不育稻株为基础培育的。

能变性的印度天南星植物

大多数植物都是雌雄同株的，在一株植物体上既有雌花又有雄花，或者一朵花中同时有雌、雄器官，而印度天南星却不断改变性别。早在20世纪20年代，植物学家就发现了印度天南星的这种性变现象。可是长期以来，人们猜不透其中的奥妙。

据美国一些植物学家研究发现，印度天南星的变性同植株体型大小密切相关，植株高度值以0.0398米为界，超过这个高度的植株，多数为雌株；小于这个高度的植株，多数为雄株。还发现，植株的高度值在0.01~0.07米间，都可能发生变性，而0.038米却是雌株变为雄株的最佳高度。

中等大小的印度天南星通常只有一片叶子，开雄花。大一点的有两片叶子，开雌花。而在更小的时候，它没有花，是中性的，以后既能转变为雄性，也能转变成雌性。

经过进一步观察，他们又发现当印度天南星长得肥大时，常变成雌性；当植物体长得瘦小时

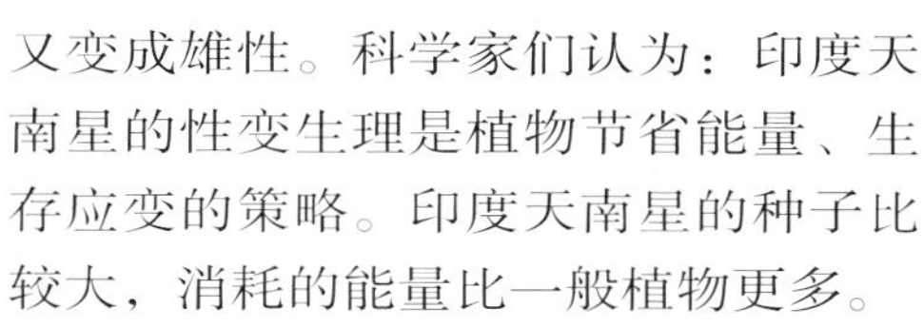

又变成雄性。科学家们认为：印度天南星的性变生理是植物节省能量、生存应变的策略。印度天南星的种子比较大，消耗的能量比一般植物更多。

如果年年结果，能量和营养都会入不抵出，结果会使植物越来越瘦小，甚至因营养不良而死去。所以，只有长得壮实肥大的植物才变成雌性，开花结果。结果后植物瘦弱了，就转变为雄性，这样可以大大节省能量和营养。经过一年休养，它们恢复了元气，再变成雌性，又开花结果。有趣的是，这种植物不光依靠性变来繁殖后代，还利用性变来应付不良环境。

上图：变性植物印度天南星的叶子

下图：变性植物印度天南星的果实

Zhi Wu
Ye Hui
Hu Xi Ma

植物也会呼吸吗

时刻在呼吸着的植物

植物虽然没有呼吸器官，但是，实际上植物在它的一生当中，无论是根、茎、叶、花，还是种子和果实，时时刻刻都在进行着呼吸，只是人的肉眼看不出来。不过，要想了解植物的呼吸也并不难。

我们把植物放在一个密不漏气的容器里，过一段时间测试一下，就会发现容器里的氧气减少了、二氧化碳增多了。原因就是植物在进行呼吸，把氧气吸收了，放出了二氧化碳。这种情况在我们的日常生活中也可以见到。

在我国北方，人们冬天要挖窖来储藏白菜、萝卜等蔬菜。如果把菜

放入地窖里，盖严窖门，过些日子打开菜窖，把点着的一支蜡烛用绳子系着吊下窖里，便会发现蜡烛马上熄灭了。这是为什么呢？原因是蔬菜在呼吸时，把窖内的氧气吸收了，而放出的二氧化碳留在窖内。这两个例子都说明了植物是要进行呼吸活动的。

种在田地里的庄稼，它们所进行的呼吸活动在一般情况下是看不出来的。如果科学家使用二氧化碳气体分析仪器，就可以测出庄稼呼吸时进行气体交换的情况。

植物通过光合作用，吸收二氧化碳，放出氧气

植物为什么呼吸

那么，植物为什么要进行呼吸？其实，生物吸进氧气、呼出二氧化碳，只不过是呼吸活动的表面现象，呼吸的本质是生物的身体里的有机物质氧化分解的过程。对植物来说，通过呼吸才能把光合作用所制造的有机物质加以利用。植物身体里有许多有机物质，比如糖类、脂肪和蛋白质都要通过呼吸作用来进行氧化分解。

平常在氧气充足的情况下，植物体内的有机物质被彻底地氧化分解，最后生成二氧化碳和水等，这叫有氧呼吸。有氧呼吸能够释放出很多能量，这些能量可以供给植物本身生命活动的需要。比如细胞分裂、组织分化、种子萌发、植株成长、花朵开放等过程，以及植物的根从土壤里吸收水分和肥料、营养物质在身体里的运输等活动都需要能量。

植物在呼吸过程中，有机物质的氧化分解是一步一步进行的，整个过程中间会生成许多种化学成分不同的物质。这些物质是植物用来合成蛋白质、脂肪和核酸的重要材料。所以，呼吸活动跟植物身体里各种物质的合成和互相转化有密切关系。植物如果处在缺氧的环境里，它不会像动物那样马上停止呼吸，很快死亡。植物在缺氧的时候，虽然没有从外界吸收氧气，可是它照旧能够排出二氧化碳，这叫无氧呼吸。但这种无氧呼吸对植物是十分不利的，因为有机物质氧化分解得不够彻底，会造成植物体内的细胞中毒，最后导致植株死亡。

农产品的呼气

植物的呼吸作用与农产品的贮藏也有着密切的关系。粮食、水果和蔬菜等采收下来以后，呼吸活动还在进行。在贮藏过程中，一方面，要让呼吸继续进行，这样粮食、水果和蔬菜等才不会变质；另一方面，又要使呼吸尽量减弱一些以减少消耗。因此，粮食种子进入仓库以前要测量一下含水量。各种粮食种子的含水量符合国家标准时，种子正好进行微弱的呼吸，这样既能保持生命力，营养物质的消耗又比较小。贮藏粮食的时候，一般不需要保持它的生命力，主要考虑的是减少它的消耗。因此，可以用将容器抽真空然后充氮气的办法来抑制粮食的呼吸活动，达到长期保存的目的。

Lei Dian Shi Zhi Wu Yin Qi De Ma 雷电是植物引起的吗

奇妙的植物和电

电对植物的影响是随处可见的。在很早以前人们就发现，频繁的雷电对农作物的成长发育是有好处的，它能缩短成熟期和提高产量。在避雷器和高压电线附近就能明显发现这一点。

另外，无数次的试验也证明，把微弱的电流通入土壤，能使许多植物的种子发芽迅速、产量提高。

植物接受任何一个微小的电荷都像喝了一口“滋补饮料”，会使它的生命过程加速，可以使植物迅速成熟、果实更为丰硕。能享受电“营养品”的不仅是草，还有树木。

植物离不开电

美国科学家曾用弱电治疗树木癌肿病及其他危难病症。在春天，短时间把电极插入树内，通入交流电，电流就进入树枝、树根和土壤。

每次治疗时间要根据“患者”的病情来确定。一段时间之后，就会出现奇迹，树上长出了新枝和新皮，患处也开始结疤，不过只有用弱电流才行。

经研究发现，所有植物的细胞都带有生物电，因此整棵植物总是不断地有弱电流通过。

哪怕是一个最微小的幼芽，它能够生存的原因，也是因为有电流通过。当电流爬上草花的花冠，它身上的电就会发出信号，驱使它的蜜腺分泌出甜汁。

雷电与植物

上述事例说明，植物是离不开电的。那么，植物和雷电有什么关系呢？直至不久前才研究清楚，所有的花粉都带正电荷，雌蕊带负电荷。正是由于正负电荷的吸引，花粉和雌蕊才有了接触的机会。

大家知道，雷是正电和负电相接触的结果，这就和植物有了关系。美国华盛顿大学的文特教授和苏联基辅大学（现乌克兰基辅大学）的格罗津斯基教授就认为，雷电就是由植物引起的。

据统计，全世界所有的植物每年蒸发至大气里的芳香物质大约有1.5亿吨。它们都是迎着阳光飞走的，每一滴芳香物质都带有正电荷，把水分

吸到自己的身上，水分就形成了一个水汽罩把芳香物质包在核心。就这样一滴滴、一点点地逐渐积聚，越聚越多，最终形成可以产生电闪雷鸣的大块乌云。地球各大洲的上空，每秒钟大约发生100次闪电。如果把闪电所释放的电全部收集起来，就可以得到功率为一亿千瓦的强大电荷。这正是植物每年散布到空中的数百万吨芳香油所带走的那部分能量。

植物把电能传给大气，大气又传给大地，而大地再传给植物。电就是这样年复一年不停地循环着。

植物化石与雷电

究竟是什么样的自然现象让生物原本具有活性的细胞在死亡后没有被微生物分解殆尽而得以保存下来？中科院南京地质古生物研究所的王鑫副研究员认为是雷电，它可能破坏了细胞分解过程中不可或缺的酶的反应条件。

雷电击打植物的时候有两个路径：一个是植物的表面；另一个是沿着茎秆中生命活动最活跃的地方——形成层，因为那里的水分最多、电阻最小。雷电可能引发野火，从而可能让植物迅速烤焦炭化，产生一种惰性极强的物质——丝炭，连“强酸强碱”都奈何不得它，也正是因为这个原因，植物的细胞在一瞬间被雷电“杀死”、“固定”，穿越亿年而不发生任何反应。

雷电之谜

也有些人对此提出过疑问。接着格罗津斯基又提出一系列问题：为什么雷电出现的地方经常是炎热夏季中遍布植被的地方？这难道不是因为在晴朗暖和的日子里，有更多的芳香油散发到空中吗？为什么在沙漠和海洋上雷鸣是那样稀少？为什么在两极地区和冻土地带没有雷电？为什么冬季很少有雷电？这些问题如何解答呢？雷电难道真的和植物有关吗？这些问题都还需进一步研究。

Zhi Wu Kuo Zhang Ling Tu Zhi Mi 植物扩张领土之谜

植物界的地盘争夺战

动物为了维持自己的生存，本能地会与同类或异类动物争夺地盘，这种弱肉强食的现象已是众所周知的事实。

在俄罗斯的基洛夫州生长着两种云杉，一种是挺拔高大、喜欢温暖的欧洲云杉；另一种是个头稍矮、耐寒力较强的西伯利亚云杉。它们都属于松科云杉属，应该称得上是亲密的“兄弟俩”，但是在它们之间也进行着旷日持久的地盘争夺战。

人们在古植物学研究中发现，几千年前这里生长着大面积的西伯利亚云杉。经过数千年的激烈竞争，欧洲云杉已从当年的微弱少数变成了数量庞大的统治者，而西伯利亚云杉却被逼得向寒冷的乌拉尔山方向节节后退。学者们认为，自然环境因素帮助欧洲云杉赢得了这场“战争”，因为逐渐变暖的北半球气候更加适于欧洲云杉的生长。

葡萄和卷心菜相克，如果将两种植物种植到一起，葡萄就会受到卷心菜的伤害而不能正常生长

植物之间的相生相克

仅仅用自然环境因素来解释植物对地盘的争夺，对有些植物来说似乎并不合适。因为许多植物的盛衰似乎只取决于竞争对手的强弱，而与自然环境无关。

比如，在同一地区，蓖麻和小荠菜都长得很好，可是若将它们种在一起，蓖麻就像生了病一样，下面的叶子全部枯萎。

葡萄和卷心菜也是绝不肯和睦相处的一对。尽管葡萄爬得高，也无法摆脱卷心菜对它的伤害。

把蛮横霸道发展到极点的是山艾树。这是生长在美国西南部干燥平原上的一种树，在它们生长的地盘内，竟不允许有任何外来植物落脚，即便是一棵杂草也不行。

美国佐治亚州立大学的研究者们为了证实这一点，不止一次地在山艾

树中间种植一些其他植物，结果这些植物没有一棵能逃脱死亡的命运。经分析研究发现，山艾树能分泌一种化学物质，而这种化学物质很可能就是它保护自己领地、置其他植物于死地的秘密武器。

土生植物与外来植物的战争

最令科学家们不解和吃惊的，是土生土长的植物与外来植物之间的地盘争夺战。为了美化环境，美国曾从国外大量引进外来植物，没想到若干年后，这些外来植物竟反客为主。

比如原产于南美洲的鳄草，从19世纪80年代引进，至今在佛罗里

达已统治了全州所有的运河、湖泊和水塘。过去长满草的西棕榈海滩，现在已经成了澳大利亚树的一统天下，土生土长的草反而变得凤毛麟角、难得一见了。澳大利亚胡椒也成了佛罗里达州东南部的植物霸主。还多亏了有人类干预，否则，这些外来植物会把本地植物杀得片甲不留。说这些外来植物的耀武扬威是自然因素造成的，似乎没有道理。因为从理论上说，土生土长的植物比外来者具有更强的适应当地环境的能力。

如果外来植物是靠分泌化学物质来驱赶当地植物的，那么为什么当地植物在自己的地盘上却反而显示不出这种优势呢？这还有待于科学家的进一步研究探索。

植物中的共生效应

到过森林里的人就会知道，那里浓荫蔽日，因为树木都相距不远。如果是在杉树林，它们就更是相互紧挨着，全都“缩手缩脚”笔直地站在那里。它们挤在一起不是为了暖和，而是为了大家都能快快活活地成长，这就是共生效应。共生效应的结果就是共同繁荣，对大家都有好处。

同种的植物可以有共生效应，不同种的植物也有共生效应。生物学所说的共生的含义，主要是指不同种的两个个体在生活中彼此相互依赖的

现象。例如，有一种植物名叫地衣，可它并不是单一的植物，而是由藻类和真菌共同组成的复合体。藻类进行光合作用制造有机养料，菌类则从中吸收水分和无机盐，并为藻类进行光合作用时提供原料，同时使藻类保持一定的湿度。

不过，正如达尔文所说的，大自然在表面看来，似乎和谐而喜悦，实际上却到处都在发生搏斗。实际情况也确实如此，大鱼吃小鱼、弱肉强食的现象无处不在。植物为了自身的生存，它们之间的斗争也是非常激烈的。如

果说共生是植物之间相互依存办法的话，那么，斗争就是植物最常使用的求生手段了。

植物名片

名称：铃兰
门：被子植物门
纲：单子叶植物纲
科：百合科
属：铃兰属
产地：北半球温带

植物之间的斗争

下小雨的时候，从紫云英的叶面流下水滴，然而流下的已不完全是天上的雨水，紫云英叶上的大量的硒被溶进了水滴里，周围的植物接触到有硒的水滴，就被毒害而死。这是紫云英为独占地盘而惯用的办法。

有一种名叫铃兰的花卉，若同丁香花放在一起，丁香花就会因经不住铃兰的毒气进攻而很快凋谢。要是玫瑰花与木樨草相遇，玫瑰花便拼命排斥木樨草。木樨草则在枯萎前放出一种特殊的化学物质，使玫瑰花中毒而死，结果是同归于尽。

既然植物间有共生和斗争，我们不妨利用这一点，以达到趋利避害的目的。例如，棉花的害虫棉蚜虫害怕大蒜的气味，将棉花与大蒜间作，可使棉花增产。棉田里套种小麦、绿豆等作物，也有防治虫害、促进棉花增产的作用。甘蓝易得根腐病，要是让卷心菜与韭菜为邻，那甘蓝的根腐病就会大大减轻。如果在葡萄园里种甘蓝，那葡萄就会遭殃了。如果甘蓝与芹菜同长在一起，由于它们有相克作用，便会两败俱伤。同样的道理，让苹果与樱桃一起生长，可以共生共荣；若在苹果园里种燕麦或苜蓿，对双方都不会有利。

上图：棉花地里套种大蒜和小麦，有防治病虫害的作用

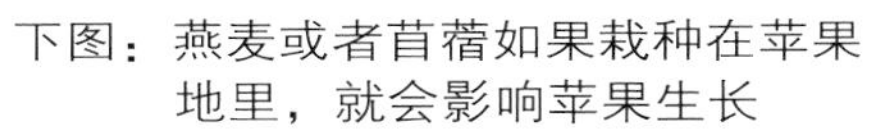

下图：燕麦或者苜蓿如果栽种在苹果地里，就会影响苹果生长

Zhi Wu Fang Yu Wu Qi Zhi Mi 植物防御武器之谜

植物的自我保护

我们到野外旅游的时候，在进入灌木丛或草地时，要注意别让植物的刺扎了。北方山区酸枣树长的刺就挺厉害。酸枣树长刺是为了保护自己免遭动物的侵害，别的植物长刺也是这个目的。

仙人掌或仙人球的老家本来在沙漠里，由于那里干旱少雨，它的叶子退化了，身体里贮存了很多水分，外面长了许多硬刺。如果没有这些刺，沙漠里的动物为了解渴，就会毫无顾忌地把仙人掌吃掉。有了这些硬刺，动物们就不敢碰它们了。

田野里的庄稼也是一样

上图：酸枣为了保护自己，在枝条上长了又尖又长的刺

下图：仙人球长刺也是为了不被其他动物吃掉

的，稻谷成熟的时候，它的芒刺就会变得更加坚硬、锋利，使麻雀闻到稻香也不敢轻易地啄它一口，连满身披甲的甲虫也望而生畏。植物的刺长得最繁密的地方往往是身体最幼嫩的部分，它长在昆虫大量繁殖之前，以抵御昆虫的加害。

先进的自我保护武器

植物界蝎子草的武器很先进，这是一种荨麻科植物，生长在比较潮湿和荫凉的地方。

蝎子草也长刺，但它的刺非常特殊，刺是空心的，里面有一种毒液，如果人或动物碰上，刺就会自动断裂，把毒液注入人或动物的皮肤里，会引起皮肤发炎或瘙痒。这样一来，野生动物就不敢侵犯它们了。

植物体内的有毒物质是植物世界最厉害的防御武器。龙舌兰属植物含有一种类固醇，动物吃了以后，会使其体内的红细胞破裂，死于非命。

夹竹桃含有一种肌肉松弛剂，别说昆虫和鸟吃了它，就是人、畜吃了也性命难保。毒芹是一种伞形科植物，它的种子里含有生物碱，动物吃了在几小时内就会暴死。另外，乌头的嫩叶、藜芦的嫩叶也有很大的毒性，如果牛、羊吃了也会中毒而死，有趣的是，牛、羊见了它们就会躲得远远

的。巴豆的全身都有毒，其种子中含有的巴豆素毒性更大，动物吃了以后会呕吐、拉肚子，甚至休克。

有一种土豆含有的毒素使叶蝉咬上一口就会丧命。有的植物虽然也含有生物碱，但只是味道不好，尝过苦头的食草动物就不敢再吃它了。它们使用的是一种威力轻微的化学武器，是纯防御性质的。

为了抵御病菌、昆虫和鸟类的袭击，一些植物长出了各种奇妙的器官，就像我们人类的装甲一样。比如番茄和苹果，它们就用增厚角质层的办法来抵抗细菌的侵害。小麦的叶片表面长出一

层蜡质，锈菌就危害不了它了。

抗虫玉米的“装甲”更为先进，它的苞叶能紧紧裹住果穗，把害虫关在里面，让它们互相残杀、弱肉强食，或者把害虫赶到花丝，让它们服毒自尽。

植物的生物化学武器

有的植物还拥有更先进的生物化学武器。它们体内含有各种特殊的生化物质，例如蜕皮激素、抗蜕皮激素、抗保幼激素、性外激素等。昆虫吃了以后，会引起发育异常，不该蜕皮的蜕了皮，该蜕皮的却蜕不了皮，有的则干脆失去了繁殖能力。

20多年来，科学家曾对1300多种植物进行了研究，发现其中有200多种植物含有蜕皮激素。由此可见，植物世界早就知道使用生物武器了。

古代人打仗的时候，为了防止敌人进攻，就在城外挖一条护城河。有一种叫续断的植物，也知道使用这种防御办法。

它的叶子是对生的，但叶基部分扩大相连，从外表上看，它的茎好像是从两片相接的叶子中穿出来一样，在它两片叶子衔接的地方会形成一条沟，下雨时里面可以存一些水，这样一来，就成了一条护城河，如果害虫沿着茎爬上来偷袭就会被淹死，从而保护了上部的花和果。

能够抵御
某些病虫害
的植物——
小麦

植物名片

名称：瞿麦
门：被子植物门
纲：双子叶植物纲
科：石竹科
属：石竹属
产地：中国

军事强国正在研制的非致命性武器中，有一种特殊的黏胶剂，把它洒在机场跑道上，可以使敌人的飞机起飞不了；把它洒在铁路上，可以使敌人的火车寸步难行；把它洒在公路上，可以使敌人的坦克和各种军车开不起来，可以产生兵不血刃的效果。更让人惊奇的是，有一种叫瞿麦的植物，也会使用这种先进武器。这种植物特别像石竹花，当你用手拔它的时候会感到黏糊糊的。原来它的节间表面能分泌出一种黏液，就像涂上了胶水一样。它可以防止昆虫沿着茎爬上去危害瞿麦上部的叶和花。当虫子爬到有黏液的地方，就会被黏得动弹不了，不少害虫还丧了命。

有趣的是，在这场植物与动物的战争中，在植物拥有各种防御武器的同时，动物也相应地发展了自己的解毒能力，用来对付植物。

像有些昆虫就能毫无顾忌地大吃一些有毒植物。当昆虫的抗毒能力增强，又会促使植物发展威力更强大的化学武器。这些植物是怎样知道制造、使用和发展自己的防御武器的？它们又是怎样合成这些防御武器的呢？目前科学家还没有定论。

会分泌黏液保护自己的石竹花

Zhi Wu
Shen Jing Xi Tong
Zhi Mi

植物神经系统之谜

生性敏感的植物

澳大利亚的花柱草，雄蕊像一根手指伸在花的外边，当昆虫碰到它时，它就能在0.01秒的时间内突然转动180° 以上，使光顾的昆虫全身都沾满了花粉，成为它的义务传粉员。

捕蝇草的叶子平时是张开的，看上去与其他植物的叶子并无二致，可一旦昆虫飞临，它会在不到一秒钟的时间之内像两只手掌一样合拢，捉住昆虫美餐一顿。

众所周知，动物的种种动作都是由神经支配的，那么植物呢？难道植物也有神经吗？

植物名片

名称：捕蝇草
门：被子植物门
纲：双子叶植物纲
科：茅膏菜科
属：捕蝇草属
产地：北美洲

植物的神经系统

早在19世纪，进化论的创始人达尔文就在研究食肉植物时发现，捕蝇草的捉虫动作并不是遇到昆虫就会发生，实际上，在它的叶片上，只有6根毛有传递信息的功能，也就是说，昆虫只有触及这6根“触发毛”中的一根或几根时，叶片才会突然关闭。

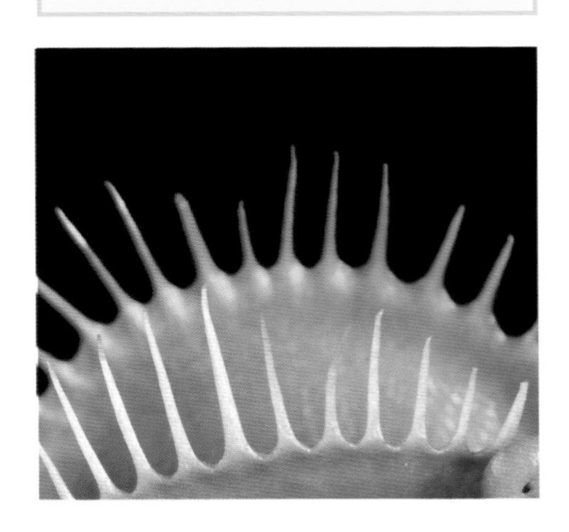

植物信号以这样快的速度从叶毛传到捕蝇草叶子内部的运动细

胞，达尔文因此推测植物也许具备与动物相似的神经系统，因为只有动物神经中的脉冲才能达到这样的速度。

20世纪60年代后，这个问题再一次成为科学家们研究的重点课题。坚持植物有神经的是伦敦大学著名生理学教授桑德逊和加拿大卡林登大学学者雅克布森。

他们在对捕蝇草的观察研究中，分别测到了这种植物叶片上的电脉冲和不规则电信号，因此便推断植物是有神经的。

沙特阿拉伯生物学家通过研究也认为植物有化学神经系统，因为在它们受伤害时会做出防御反应。

但是，也有许多学者不同意这一观点，德国植物学家萨克斯就是其中之一。他认为植物体内电信号的传递速度太缓慢，一般为0.02米/秒，与高等动物的神经电信号传递速度每秒数米根本无法相比，而且从解剖学角度看，植物体内根本不存在任何神经组织。

美国华盛顿大学的专门研究小组在研究捕蝇草时发现，如果反复刺激片上的触发毛，捕蝇草不仅能发出电信号，而且也能同时从表面的消化腺

中分泌少量的消化液。但仅仅据此，仍然无法确定植物体内就一定具有神经组织。

所有植物都有应用电信号的能力，这已经被科学家们反复验证。

不过，因为植物的电信号都是通过表皮或其他普通细胞以极其原始的方式传导，它并无专门的传导组织，因此，相当多的学者认为，植物的电信号与动物的电信号尽管十分相似，但是仍不能确定植物已经具备了神经系统。植物到底有没有神经，还有待人们进一步去研究、探讨。

会说话的植物

20世纪70年代，一位澳大利亚籍科学家发现了一个惊人的现象，那就是当植物遭到严重干旱时，会发出“咔嗒、咔嗒”的声音。后来通过进一步的检测发现，声音是由微小的输水管震动产生的。

不过，当时科学家还无法解释，这声音是出于偶然，还是由于植物渴望喝水而有意发出的。

不久之后，一位英国科学家米切尔把微型话筒放在植物茎部，倾听它是否发出声音。经过长期测听，他虽然没有得到更多的证据来说明植物确实存在语言，但科学家对植物语言的研究仍然热情不减。

对植物语言的研究

1980年，美国科学家金斯勒和他的同事，在一个干旱的峡谷里通过遥感装置监听了植物生长时发出的电信号。结果他发现当植物进行光合作用，将养分转换成生长的原料时就会发出一种信号。

了解这种信号是很重要的，因为只要把这些信号译出来，人类就能对农作物生长的每个阶段了如指掌。

金斯勒的研究成果公布后，引起了许多科学家的兴趣。但他们同时又怀疑，这些电信号的植物语言是否能真实而又完整地表达出植物各个生长阶段的情况，它是植物的语言吗?

1983年，美国的两位科学家宣称，能够代表植物语言的也许不是声音或电

信号，而是特殊的化学物质。因为他在研究受到害虫袭击的树木时发现，植物会在空中传播化学物质，对周围邻近的树木传递警告信息。

英国科学家罗德和日本科学家岩尾宪三，为了能更彻底地了解植物发出声音的奥秘，特意设计出一台别具一格的植物活性翻译机。这种机器只要接上放大器和合成器，就能够直接听到植物的声音。

罗德和岩尾宪三充满自信地预测，这种奇妙机器的出现，不仅在将来可以监测植物对环境污染的反应，还可对植物本身健康状况进行诊断，而且有可能使人类进入与植物进行对话的阶段。

当然，这仅仅是一种美好的设想，目前还有许多科学家不承认有植物语言的存在。植物究竟有没有语言，看来只有等待今后的进一步研究才能得出答案。

植物情报传递之谜

Zhi Wu Qing Bao Chuan Di Zhi Mi

能传递保护信息的树

许多动物能够以不同的方式向自己的同伴传递一些信息，以表达自己的意愿等，在植物王国里也有信息传送吗？如果有，它们又是靠什么来传递信息的呢？在美国华盛顿大学有两位科学家发现了这样一件怪事情：

为了进行一项试验，两名研究者选择了华盛顿州西特尔城附近的一片树林。他们曾经发现，在这片树林的柳树和桤木上，凡是经过一些毛虫等捕食性动物侵袭的树叶，就会发生化学成分的变化。那么这种化学成分的变化程度如何呢？

这正是两位研究者想要知道的问题。因为他们已经获得了其他一些植物在昆虫侵袭之后的变化情况，例如藿香蓟，它的组织内含有使捕食性动物变态的化学物质，一旦介壳虫、蚜虫侵袭了它，这些虫类反而在化学物质的影响下发生变态，从而不能产卵。

试验开始时，两位研究者将几百条毛虫放在树上，然后观察这些树木如何抵御毛虫的袭击。

不久，他们就发现树木有了反应，散发出属于生物碱或萜烯化合物一类的化学物质。这些化学物质散布在树叶中，很难被昆虫消化。

就在这时，两位研究者意外地发现了另一奇怪的现象：大约在30~40米远的另一片树林里，同样散发出了防御性的化学物质，这是一片并没有放置毛虫的树林，而且又隔着一段距离，它们是怎样获得了注意危险的警告信号呢?

美国的学者大为惊讶。他们觉得，肯定是那些受毛虫侵袭的树木把信息通知了那片本来宁静的树林，要它们加强预防。

可是他们是怎样通知的?通过什么形式?而对方如何接收又怎样做出防御的反应呢?

难解之谜

这一发现引出一系列难解之谜，引出了新的困惑，动摇了传统的、固有的观念。人们对植物的能力有了进一步的认识：它们不是不会说话，而是用它们自己的方式来说话，在它们的世界里进行沟通，传递它们的信息。一些科学家认为现在远不是下结论的时候，更有说服力的解释有待于进行大量的研究之后才能做出。

植物的超能力已经广泛地引起了世界上许多人的注意，有人通过自己或者别人的观察、研究，试图作一些解释，但是这些解释是不是很完整、很确切呢？

比如说，有人认为植物之所以具备感应月球引力和地磁的超能力，是因为植物拥有交流信息的“天线装置”，植物的刺或毛是一种导波管，起着类似天线的作用。

有了这些导波管，植物便可以感应可见光、红外线或微波光线，可以敏锐地感应化学物质、气味、压力、空气电离子、温度和湿度等，因而使

得植物拥有了特殊的超能力，能与人类、星球或原始星云交流信息。

科学家们的观点、假设为人类探索自然之谜开拓了思路。从中我们认识到地球植物所蕴藏着的奥秘和潜力是不容忽视的，那么等待着我们的又是什么呢？是更加艰难的努力探索。

在南非克鲁格国家公园内，长颈鹿可以在公园范围内随意走动，可以到处挑选园内不同树木的叶子；而捻角羚羊则被圈养在围栏内，只能吃生长在围栏内的树叶子，结果，每年都会有不少羚羊死去。

科学家还发现，长颈鹿会仔细挑选它准备吃叶子的那棵树，通常从十棵枞树中选一棵。此外，它们还会避开它们已经吃过叶子的枞树后面迎风方向的枞树。

专家研究了死羚羊胃里的东西，发现死因是它们吃进去的树叶里单宁含量非常高，这种物质损害动物的肝脏。在研究长颈鹿胃里的东西之后，他们发现长颈鹿吃入的食物品种较多，所吃入的枞树叶的单宁浓度只有6%左右，而捻角羚羊胃里的单宁浓度高达15%。对此，专家认为：枞树用

分泌更多单宁的方法来保护自己以免遭到动物吞食。

植物名片

名称：枞树
门：裸子植物门
纲：松柏纲
科：松科
属：冷杉属
产地：北半球

枞树

在研究中科学家们还发现：当枞树不止一次受到食草动物的侵袭时，枞树能向自己的同伴发出危险警报，让它们增加叶里的单宁含量。收到这一信息的树木在几分钟内就采取防御措施，使枞树叶子里的单宁含量迅速猛增。

植物之间有传递情报行为，已被人们所公认，但它是如何传递的呢，它的同伴又是怎样接收到情报的呢？这些还需要专家们进一步研究和探索才能得知。

Zhi Wu Fa Guang Fa Re Zhi Mi 植物发光发热之谜

会发光的柳树

在江苏省镇江市丹徒区发生过这么一件事：有几棵生长在田边的柳树居然在夜间发出一种浅蓝色的光，而且在刮风下雨、酷暑严寒时都不受影响。这是怎么回事呢？有人说这是神灵显现，有人说这些柳树是神树，一时间闹得沸沸扬扬。

科学家们得知这一消息后，对柳树进行了体检，并从它身上刮取一些物质进行培养，结果培养出了一种叫“假蜜环菌”的真菌，于是答案找到了。

原来，会发光的不是柳树本身，而是假蜜环菌，因为这种真菌的菌丝体会发光，因此它又有“亮菌”的雅号。假蜜环菌在江苏、浙江一带较多，它专找一些树桩安身，用白色菌丝体吮吸植物养料。白天由于阳光的缘故，人们看不见它发出的光，而在夜晚就可以看见了。

能发光的杨树

1983年，在湖南省南县沙港市乡，人们发现了一棵能发光的杨树。这棵树的直径有0.23米，4月7日被砍伐并剥掉树皮之后，竟然在晚上发起光来，就连树根和锯出的木屑也一样放光。一根1米长、0.05米粗的树枝，它的亮度就相当于一只5瓦的日光灯。

但是，随着树内水分的蒸发，亮度变得一天比一天减弱，但树枝受潮以后，亮度又会增加。这棵杨树发光的原因，一直没有查明。

在贵州省三都水族自治县的原始森林里，又发现了5棵罕见的夜光树。在没有月亮的夜晚，当地人会看到这样一幅奇景：在一棵大树的枝杈上，有成百上千个两寸多长的月牙儿正在放着荧光。当微风吹过的时候，千百个小月牙儿轻轻地摇啊摇的，甚是好看。原来这些小月牙就是夜光树上会发光的叶子。

揭秘发光的真相

江西省井冈山地区有一种常绿阔叶树，叶子里含有磷，这种磷释放出来以后会和空气中的氧气结合成为磷火。磷火能放出一种没有热度，也不能燃烧，但有光亮的冷光。白天看不见，但在晴朗无风的夜晚，这些冷光聚拢起来，仿佛悬挂在山间的一盏盏灯笼，当地人叫这种树为“鬼树”。

古巴有一种美丽的发光植物，每到黄昏时它的花朵才开始绽放。这种花的花蕊中聚集了大量的磷，微风吹过，花蕊便星星点点地闪烁出明亮的异彩，仿佛无数萤火虫在花蕊间翩翩起舞。有意思的是，一旦黑夜逝去，这种花就像完成了使命，很快就凋谢了。

非洲冈比亚的草原上有一种名叫“路灯草”的植物，是发光植物中的佼佼者。别看它小，它所发出的光亮甚至可以与路灯相媲美。路灯草的叶片表面有着一层像银霜一样的晶珠，富含磷。每当夜幕降临，这种草便闪闪发光，把周围的一切照得十分清晰，当地居民把这种小草移到家门口充当“路灯”。

夜皇后郁金香的花朵内也聚集了大量的磷，一旦与空气接触就会发光。夜间活动的昆虫见到亮光，就会被吸引前去帮助植株传播花粉。夜皇后的花朵放光，实际上是一种适应环境的特殊本领。

其实，不但真菌会发光，其他菌类也会发光。据说，在1900年巴黎举行的国际博览会上，有人把发光细菌收集在一个瓶子里，挂在光学展览室里，结果这一“细菌灯”把房间照得通明！

菌类为什么会发光呢？原来，在它们体内有一种特殊的发光物质叫荧光素。荧光素在体内生命活动的过程中被氧化，同时以光的形式放出能量。这种光利用能量的效率比较高，有95%的能量转变成光，因此光色柔和，被称为冷光。

发热的植物

在冰天雪地的北极，几乎终年严寒，即使那里的夏季，气温也常常在零摄氏度以下，然而生长在那里的植物却能在冰雪中开花结果。科学家惊奇地发现，原来这些植物的花朵的温度总是要比外界高一些。

这些植物的花朵为什么会放出热量呢？科学家们一直百思不得其解。20世纪80年代初期，瑞典植物学家发现，北极的大部分植物的花朵都有向着太阳转动的习性。因此，他们猜想，这也许与花朵温度的升高有关。

为了证实这种推测是否正确，他们做了一个有趣的实验：用细铁丝将仙女木的花萼固定，使它不能向阳转动，并在花上安放了一个带有很细的金属探针的温差电阻来测定花的温度。当太阳升起时，测出被固定的花朵比未被固定的花朵温度低0.7℃。这个结果似乎揭开了北极植物花朵升温之谜。

但是，后来发现在南美洲中部的沼泽地里，生长着一种叫臭菘的植物，每年三四月份天气还相当寒冷时，它的花朵已经绽开，实际上那是一个佛焰花序。据测定，臭菘在长达两周的花期中，它的花苞里始终保持22℃的温度，比周围气温高20℃左右。此花有臭味，招引着昆虫群集，成为理想的御寒暖房。

显然，用植物向阳转动的理论是无法解释臭菘花苞的恒温和高出周围气温20℃这一奇妙现象。

自然界的会发热的植物还有不少。有一种百合科草本植物，在环境气温为4℃时，花的体温可达40℃左右。

另外，天南星科植物也是一类会发热的植物，它们特有的花序叫作“佛焰”，其雌蕊和雄蕊都隐藏在苞的深处。为了能在花开之后请到“媒人”，它使花温急剧升高、散发臭味，如同发热的、腐烂的动物尸体或发酵的粪堆发出的气味，于是一种对热敏感、喜欢吃腐烂物的蝇就急急忙忙赶来，为它们“做媒”，完成了传授花粉的伟业。这也是植物发热的一个功能。

植物名片

名称：臭菘
门：被子植物门
纲：单子叶植物纲
科：天南星科
属：臭菘属
产地：中国

植物发热的奥秘

植物学家通过研究和探索，终于揭开了一些植物发热的奥秘。臭菘发热是因其花朵中有许多产热细胞，产热细胞内含有一种酶，能够氧化光合产物，葡萄糖和淀粉释放出大量的热量。据测定，其氧化速度实在惊人，与鸟类的翼肌对能

量的利用差不多。至于百合科草本植物的花温为什么高达40℃，科学家发现，这种植物在开花之前，已在花的组织里贮存了大量的脂肪。开花时，脂肪进入组织细胞内，发生强烈的氧化作用，从而释放出大量的热能，造成了花温较高的结果。天南星科植物的佛焰发热，可以使四周的风转变成围绕着佛焰花序旋转的涡流，而且这种涡流不受外界风向的影响，并能把各个方向吹来的风转向佛焰苞的开口处。这样，不仅能使热量均匀地分布在整个佛焰苞内，使整个花朵能融化厚雪的覆盖，而佛焰花序周围的涡流能把顶端成熟的花粉吹到下部未经授粉的花朵内，从而达到没有蝇为媒、利用热气流为媒也能受精的目的。

不久前，科学家又发现喜林芋属的一种芳香植物，它的产热本领更高，它能像热血动物那样，用脂肪作为燃料产生热量，因此产热效率更高。在开花期间，花中的温度可高达37℃。这种现象引起了植物学家们的极大兴趣。他们对此进行了进一步的探索，不但在这类植物的花中发现了产热细胞，而且在其根部和韧皮部等部位也发现了产热细胞。

能自身发热的
植物——臭菘

Zhi Wu Shi Chong Zhi Mi | 植物食虫之谜

猪笼草

食虫植物在地球上主要分布在热带和亚热带，其次才是温带。据统计，全世界有食虫植物500种左右，我国有30多种。当你到海南岛五指山上采集植物或游览时，就会在深山老林的小溪旁，发现一种奇怪的植物，这就是猪笼草。

猪笼草的茎是半木质藤本，最长不超过2米，一般在1米以下，在它的

猪笼草，拉丁学名为*Nepenthes* sp.属于被子植物门，双子叶植物纲，瓶子草目植物。猪笼草是著名的食虫植物

叶端悬挂着一个一个的囊状物，这就是猪笼草捕食昆虫的工具。

这个捕虫囊是由叶子的一部分变成的。叶的基部有叶柄和扁平的叶片，长椭圆形，长0.25米、宽 0.06米。

猪笼草的叶中脉延伸成卷须，卷须的顶端膨大为捕虫囊，圆筒形，口部呈漏斗形，长约0.15米、口缘宽约0.04米，被毛。囊口的后边还有一个能活动的囊盖。

捕虫囊的形状活像个瓶子。它是怎样捕食昆虫的呢？它不仅以美丽的颜色招引昆虫，而且它的囊口和囊盖上布有蜜腺，能分泌蜜液引诱昆虫。当昆虫飞来吃蜜时，由于囊口非常光滑，很容易失足跌入囊中。

囊的内壁也很光滑，况且囊里常存有半瓶子水，落水的昆虫在囊中死命地挣扎，不但逃不出来，反而刺激囊盖盖了起来，最后便死于囊中。

捕虫囊能分泌一种蛋白酶，将昆虫分解，然后作为养料吸收。当捕食过程完成后，它的盖子又重新张开等待第二个“顾客”的到来。

猪笼草不仅好玩，而且还可以治病。当病人风热咳嗽甚至肺燥咯血时，用猪笼草30克水煎服即可治愈。最近还发现它能治糖尿病、高血压等疾病。

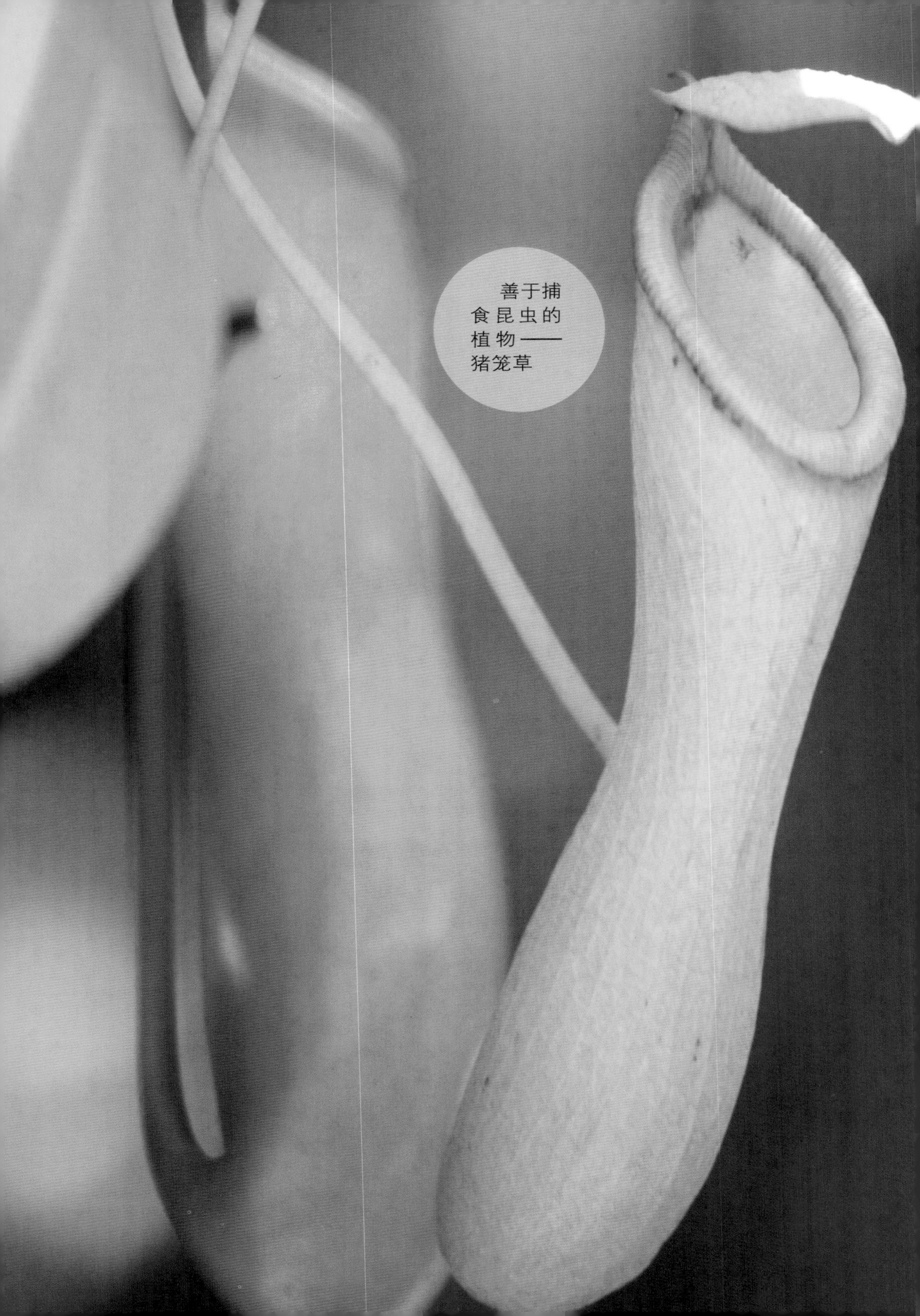
善于捕
食昆虫的
植物——
猪笼草

狸藻

吃虫的植物，不仅陆地上有，水里也有，狸藻便是一种。

狸藻生长在静水里，因为它没有真正的根和叶，只有茎变态成的假根及叶器，所以能随水漂流。这种植物长可达1米，叶器全缘或分裂成丝状。在植物体下部的丝状裂片基部，生有捕虫囊。

捕虫囊扁圆形，长约0.003米、宽约0.001米。在囊的上端侧面有一个小口，小口周围有一圈触毛。口部的内侧有一个方形的活瓣，能向内张开，活瓣的外侧有4根触毛。

狸藻的捕虫囊的内壁上有星状腺毛，腺毛能分泌消化液。一棵狸藻上长有上千个捕虫囊。每一个捕虫囊就是水中的一个小陷阱，在有狸藻分布的水里到处都是小陷阱，因而形成一个陷阱网。

假若水中的小虫进入这个陷阱

网，想跑掉是不可能的。当水蚤这类小动物游进了陷阱网，它就会东碰西撞。要是它碰到捕虫囊口部活瓣上的触毛，活瓣马上向内张开，水便立即流入捕虫囊内，此时，小动物也会随着水流进入囊内。当小动物进入囊后，由于水压的关系，活瓣又立即关闭起来。

此时捕虫囊内壁上的星状腺毛分泌出消化液，把虫体消化分解，通过捕虫囊壁细胞把养料吸收掉之后，剩下的水通过囊壁排出体外，捕虫囊又恢复原来的状态。狸藻就是这样靠自己吞食动物的本领来给自身提供营养的。

毛毡苔

毛毡苔这种植物生长在沼泽地带，沼泽地带的小虫及蚊子特别多，都是毛毡苔捕食的对象。

猪笼草是用瓶状的变态叶来捕虫，毛毡苔则用变为手掌状的叶子来捕虫。毛毡苔为多年生草本植物，它的叶从根部生长起来，有一长柄，约0.05米，柄端长着圆形或扇形的叶片，宽0.004~0.009米。叶上密生着许多触毛，触毛很像纤细的手指，它能握起来，又能伸开。

触毛顶端形成一个小球，这个小球能分泌黏液，黏液散发蜜一样的芳香，馋嘴的昆虫闻到这种芳香就会迅速飞来。

当昆虫碰到毛毡苔的触毛时，触毛上的黏液就会把昆虫粘住。这时，伸开来的触毛能很快地握起来，紧紧地抓住昆虫，不让其跑掉。触毛上又能分泌一种蛋白酶，可以消化分解昆虫，毛毡苔的叶细胞就把消化后的养料吸收到植物体内。随后，触毛又伸开来等待着新的“客人”陷入它的魔掌之中。

最有趣的是，毛毡苔能够辨别落在它叶子上面的是不是食物。有人曾进行过试验，把一粒砂子放在它的叶子上，起初它的触毛也有些卷曲，

但是，它很快就会发现落在叶子上的不是美味的食物，于是又把触毛舒展开了。毛毡苔属于茅膏菜科、茅膏菜属。在茅膏菜属的植物中，约有90种分布在热带和温带。我国有6种，分布在西南至东北的广大地区。毛毡苔生长在沼泽、湿草甸地上，或生长在山谷溪边或林下潮湿的土壤上。毛毡苔又可入药，在欧美各国常用作治支气管炎的祛痰药，我国则多将其制成糖浆，治疗百日咳。

植物名片

名称：毛毡苔
门：被子植物门
纲：双子叶植物纲
科：茅膏菜科
属：茅膏菜属
产地：中国

Zhi Wu Yu Bao Di Zhen Zhi Mi | 植物预报地震之谜

可以预报地震的植物

在印度尼西亚爪哇岛的一座火山的斜坡上，遍地生长着一种花，它能准确地预报火山爆发和地震的发生。如果这种花开得不是时候，那就是告诉人们，这一地区将有大灾降临，不是将有火山爆发，就是将有地震发生。据说，其准确率高达90%以上。

20世纪80年代以后，科学家对植物是否能预测地震进行了相关研究，从植物细胞学的角度，观察和测定了地震前植物机体内的变化。

经研究后发现，生物体的细胞犹如一个活电池，当接触生物体非对称

的两个电极时，两电极之间的电位差会产生电流。

日本东京女子大学岛山教授经过长期观察研究，并对合欢树进行了多年生物电位测定，发现合欢树能预测地震。如在1978年6月10日至11日白天，合欢树发出了异常的强电流，特别是在12日上午10时左右观测到更强的电流后，下午5时14分，在宫城海域就发生了7.4级地震。

1983年5月26日中午，日本海中部发生了7.7级地震，在震前20小时，岛山教授就观测到合欢树的异常电流变化，并预先发出了地震警告。

这表明，合欢树能够在地震前做出反应，出现异常的强电流。有关专家认为，这是由于它的根系能敏感地捕捉到作为地震前兆的地球物理、化学和磁场的变化。

植物为什么能预感地震

据苏联的一位教授观察，地震前花开得不合时令，是因为火山爆发或地震出现的先兆，即由高频超声波造成的。

这种异常出现的超声波振动促使地震前花的新陈代谢发生突变，于是花就开了，向人们发出了将有火山爆发或地震发生的预报。

例如，在地震前，蒲公英在初冬季节就提前开了花；山芋藤也会一反常态突然开花；竹子不但会突

然开花，还会大面积死亡等。这些异常现象往往预示着地震即将发生。

含羞草是一种对环境变化很敏感的植物，在正常的情况下，含羞草的叶子白天是张开的，随着夜色的渐渐降临，叶子会慢慢地闭合起来。但是，在地震发生前的一个时期，含羞草的叶子却一反常态地在大白天闭合，夜间却莫名其妙地张开来。

专家认为，在地震孕育的过程中，因地球深处会产生巨大压力并产生电流。电流分解了石岩中的水，产生了带电粒子。带电粒子被挤到地表，再散布到空气中，产生了带电悬浮的粒子或离子，从而使植物产生异常的反应。

合欢花能在震前两天做出反应，就是由于它的根部能敏感地捕捉到震前的地球内部物理变化和磁场变化信息的缘故。

因此，我们可以通过观察有些植物震前的异常变化，提供地震预报信息。但对于如何通过植物在震前发生的异常变化，比较准确地判断出地震发生的时间、地点，还需要专家进一步研究才能得知。

Zhi Wu
Yu Bao Tian Qi
Zhi Mi

植物预报天气之谜

花中的“天气预报员”

我国西双版纳生长着一种奇妙的花，每当暴风雨将要来临时，便会开放出许多美丽的花朵，红色的花瓣映红了深山老林、染红了悬崖峭壁。人们根据它的这一特性，就可以预先知道天气的变化，因此大家叫它风雨花。

风雨花又叫红玉帘、菖蒲莲、韭莲，是石蒜科葱莲属草本花卉。它的叶子呈扁线形，很像韭菜的长叶，弯弯悬垂。

科学家通过研究发现，风雨花能预报风雨的奥秘是因为在暴风雨到来之前，大气压降低，天气闷热，植物的蒸腾作用增强，使它贮藏养料的鳞茎产生大量的激素，这种激素便促使它开放出许多花朵。

无独有偶，在澳大利亚和新西兰生长着一种神奇的花，也能够预报晴

植物名片

名称：风雨花
门：被子植物门
纲：单子叶植物纲
科：石蒜科
属：葱莲属
产地：墨西哥

天和下雨，所以大家叫它报雨花。这种花和我国的菊花非常相似，花瓣也是长条形，并有各种不同的颜色。所不同的是，它要比菊花大2~3倍。那么，报雨花为什么能预报天气呢？

这是因为报雨花的花瓣对湿度很敏感。下雨前夕，空气湿度会增加，当空气湿度增加到一定程度时，花瓣就会萎缩，把花蕊紧紧地包起来，这预示着不久天就会下雨。

而当空气中湿度减少时，花瓣就会慢慢展开，这就预示着晴天。当地居民出门前，总是要先看一看报雨花，以便知道天气的情况，因此人们亲切地称它为“天气预报员”。

我国劳动人民从小毛桃桃花的颜色变化中，还可预知雨量的多少。因为在不同的年份，桃花的色泽不同，当桃树开紫红色花时，就预示着当年的雨量偏少；而当桃树开粉红色花时，就预示着当年雨水偏多。

草中的“天气预报员”

多年生植物茅草和结缕草，也能够预测天气。当茅草的叶和茎交界处冒水沫时，或结缕草在叶茎交叉处出现霉毛团时，就预示着阴雨天将要到来。因此有“茅草叶柄吐沫，明天冒雨干活”和“结缕草长霉，将阴天下

毛桃桃花颜色的变化可预测雨量大小

雨”的谚语。

在湖塘水面上生长的菱角，也能预报晴天和雨天。农谚说：“菱角盘沉水，天将有风雨。” 这是因为阴雨天来临前，气温升高、气压降低，湖塘底部的沉积物发酵，生成的沼气逸出，水面不断地冒出水泡，水底的污泥和杂物泛起，粘在菱角的叶片上，使菱角盘的重量增加而下沉。

树中的“天气预报员”

在安徽省和县高关乡大滕村有一棵榆树。令人称奇的是，这棵榆树是能够预报当年旱涝的“气象树”。

人们根据这棵树发芽时间的早晚和树叶的疏密，就可以推断出当年雨水的多少。这棵树如果在谷雨前发芽并长得芽多叶茂，就预兆当年将雨水多、水位高，往往有涝灾；如果它跟别的树一样，按时节发芽，树叶长得有疏有密，当年就将是风调雨顺的好年景；要是它推迟发芽、叶子长得又少，就预兆当年雨水少、旱情严重。几十年的观察资料证明，它对当年旱涝的预报是相当准确的。

科学家们经过初步调查认为，这可能是因为这棵树对生态环境特别敏感，才会起这种奇特的作用。

Wei He Zhi Wu Neng Yu Han Guo Dong 为何植物能御寒过冬

植物耐寒之谜

当严寒到来，许多动物都加厚了它们的“皮袍子”，深居简出，或者干脆钻到温暖的地下深处去睡觉。但也有不少植物却依旧精神抖擞地岿然不动，若无其事地伸出它们那绿油油的叶子，好像并没有感觉到严寒的来临。

难道植物当真麻木不仁、对寒冷完全无动于衷吗？不！过度的寒冷一样可以将植物冻死。比如，当植物细胞中的水分一旦结成冰晶后，植物的

许多生理活动就会无法进行。更要命的是，冰晶会将细胞壁胀破，给植物带来杀身之祸。经过霜冻的青菜、萝卜吃起来不是又甜又软吗？甜是因为它们将一部分淀粉转化成了糖，而软是因为细胞组织已被破坏的缘故。

不过，要使植物体内的水分结冻，并不太容易。比如娇嫩的白菜，要在-15℃才会结冰，萝卜等可以经受-20℃而不结冰，许多常绿树木甚至在-45℃还依然不会结冰，秘密何在呢？

植物名片

名称：白菜
门：被子植物门
纲：双子叶植物纲
科：十字花科
属：芸薹属
产地：中国

如果说粗大的树木可以用寒气不易侵入来解释，那么细小的树枝和树叶、娇嫩的蔬菜何以也不易结冰呢？白菜、萝卜、番薯等遇上寒冷时，会将储存的部分淀粉转化为糖分，植物的体液中溶有糖后，水就不易结冰。但如果我们仔细一想，就知道这并不是植物耐寒的主要理由。要知道，

1000克水中溶解180克葡萄糖后，水的结冰温度才会下降1.86℃，即使这些糖溶液浓到像糖浆一样，也只能使水的结冰温度下降7℃～8℃。可见这其中一定另有缘故。

原来植物体内的水分有两种，一种为普通水，一种叫结合水。所谓结合水，它的化学组成和普通水并无两样，只是普通水的分子排列比较凌乱，可以到处流动，而结合水的分子以十分整齐的队形排列在植物组织周围，和植物组织亲密地结合在一起，不肯轻易分开，因此被叫作结合水。冬天，植物体内的普通水减少了，结合水所占的比例就相对增加。由于结合水要在比零摄氏度低得多的温度才结冰，所以植物当然也就比较耐寒了。

植物的抗冻能力

各种各样的植物抗冻力不同，即使同一棵植物，在不同的季节抗冻力也不一样。北方的梨树，在-20℃～-30℃的温度下能平安越冬，可是在春天却抵挡不住微寒的袭击。松树的针叶冬天能耐-30℃的严寒，在夏天如果人为

上图：番薯到冬天时，会将储存的部分淀粉转化为糖分以抵御寒冷

下图：萝卜可以经受-20℃的温度而不结冰

地降温到-8℃就会被冻死。究竟是什么原因使冬天的树木特别变得抗冻呢？早期国外一些学者说，这可能与温血动物一样，树木本身也会产生热量，它由导热系数低的树皮组织加以保护的缘故。之后，另一些科学家说，主要是冬天树木组织含水量少，所以在冰点以下也不易引起细胞结冰而死亡。

但是，这些解释都难以令人满意。因为现在人们已清楚地知道，树木本身是不会产生热量的，而在冰点以下的树木组织也并非不能冻结。在北方，柳树的枝条、松树的针叶，冬天不是冻得像玻璃那样发脆吗？然而，它们都依然活着。树木抗冻的本领很早就已经锻炼出来了。它们为了适应周围环境的变化，每年都用沉睡的妙法来对付冬季的严寒。别看冬天的树木表面上呈现静止的状态，其实它的内部变化却很大。秋天积贮下来的淀粉，这时候转变为糖，有的甚至转变为脂肪，这些都是防寒物质，能保护细胞不易被冻死。所以，在寒冬平时一个个彼此相连的细胞，这时连接丝都断了，而且细胞壁和原生质也离开了，好像各管各一样。

这个肉眼看不见的微小变化，竟然对植物的抗冻力方面起着巨大的作用。当组织结冰时，它就能避免细胞中最重要的部分——原生质不致遇到因细胞结冰而导致损伤的危险。

Shen Qi De Zhi Wu Shui Mian | 神奇的植物睡眠

奇怪的植物睡眠

睡眠是我们人类生活中不可缺少的一部分。经过一天的工作或学习，人们只要美美地睡上一觉，疲劳的感觉就都消除了。动物也需要睡眠，甚至会睡上一个漫长的冬季。而关于植物的睡眠，也许你就会感到新鲜和奇怪。

每逢晴朗的夜晚，我们只要细心观察周围的植物，就会发现一些植物已发生了奇妙的变化。比如公园中常见的合欢树，它的叶子由许多小羽片组合而成，在白天舒展而又平坦，可一到夜幕降临时，那无数小羽片就成对成对地折合关闭，好像被触碰过的含羞草叶子，全部合拢起来，这就是植物睡眠的典型现象。

有时候，我们在野外还可以看见一种开着紫色小花、长着3片小叶的红三叶草，它们在白天有阳光时，每个叶柄上的3片小叶都舒展在空中，但到了傍晚，3片小叶就闭合在一起，垂下头来准备睡觉。花生也是一种爱睡觉的植物，它的叶子从傍晚开始，便慢慢地向上关闭，表示白天已经过去，它要睡觉了。以上只是一些常见的例子，会睡觉的植物还有很多很多，如酢浆草、白屈菜、含羞草、羊角豆等。

睡莲

不仅植物的叶子有睡眠要求，就连娇柔艳美的花朵也要睡眠。例如，在水面上绽放的睡莲花，每当旭日东升之际，它那美丽的花瓣就慢慢舒展开来，似乎刚从酣睡中苏醒；而当夕阳西下时，它又闭拢花瓣，重新进入睡眠状态。由于它这种“昼醒晚睡”的规律性特别明显，才因此得到芳名“睡莲”。

懂得自己休眠的植物——睡莲

各种各样的花儿睡眠的姿态也各不相同。蒲公英在入睡时，所有的花瓣都向上竖起来闭合，看上去好像一个黄色的鸡毛帚。胡萝卜的花则垂下头来，像正在打瞌睡的小老头。

更有趣的是，有些植物的花白天睡觉、夜晚开放，例如晚香玉的花，不但在晚上盛开，而且格外芳香，以此来引诱夜间活动的蛾子替它传授花粉。还有我们平时当蔬菜吃的瓠子，也是夜间开花、白天睡觉，所以人们称它为“夜开花”。但令人不解的是，植物的睡眠能给植物带来什么好处呢?

植物睡眠的优点

最近几十年，科学家围绕着植物睡眠运动的问题，展开了广泛的讨论。

最早发现植物睡眠运动的人是英国著名的生物学家达尔文。100多年前，他在研究植物生长行为的过程中，曾对69种植物的夜间活动进行了长期观察，发现一些积满露水的叶片因为承受着水珠的重量，往往比其他的

晚香玉花的作息时间与其他植物不同，它是白天休息、夜晚开放

叶片容易受伤。

后来他又用人为的方法把叶片固定住，也得到类似的结果。在当时，达尔文虽然无法直接测量叶片的温度，但他断定叶片的睡眠运动对植物生长极有好处，也许主要是为了保护叶片抵御夜晚的寒冷。

达尔文的说法似乎有一定的科学道理，可是它缺乏足够的实验和证据，所以一直没有引起人们的重视。直至20世纪60年代，随着植物生理学的高速发展，科学家们才开始深入研究植物的睡眠运动，并提出许多解释它的理论。

起初，解释睡眠运动最流行的理论是月光理论。提出这个论点的科学家认为，叶子的睡眠运动能使植物尽量少遭受月光的侵害，因为过多的月光照射，可能干扰植物正常的光周期感官机制，损害植物对昼夜长短的适应。然而，使人们感到迷惑不解的是，为什么许多没有光周期现象的热带植物，同样也会出现睡眠运动，这一点用月光理论是无法解释的。

后来科学家们又发现，有些植物的睡眠运动并不受温度和光强度的控制，而是由于叶柄基部中一些细胞的膨压变化引起的。

例如，合欢树、酢浆草、红三叶草等，通过叶子在夜间的闭合，可以减少热量的散失和水分的蒸腾，起到保温保湿的作用。尤其是合欢树，叶子不仅仅在夜晚会关闭、睡眠，在遭遇大风大雨袭击时也会渐渐合拢，以

防柔嫩的叶片受到暴风雨的摧残。这种保护性的反应是对环境的一种适应，与含羞草很相似，只不过反应没有含羞草那样灵敏。

植物名片

名称：合欢花
门：被子植物门
纲：双子叶植物纲
科：豆科
属：合欢属
产地：中国

是温度在作怪吗

随着研究的日益深入，各种理论或观点被一一提了出来，但都不能圆满地解释植物睡眠之谜。正当科学家们感到困惑的时候，美国科学家恩瑞特在进行了一系列有趣的检测后提出了一个新的解释。他用一根灵敏的温度探测针，在夜间测量花菜豆叶片的温度，结果发现不睡眠的叶子温度总比睡眠的叶子温度要低1℃左右。

恩瑞特认为，正是这仅仅1℃的微小温度差异，成为阻止或减缓叶子生长的重要因素。因此，在相同的环境中，能进行睡眠运动的植物生长速度较快，与其他不能进行睡眠运动的植物相比，它们具有更强的生存竞争能力。

植物午睡的习惯

植物睡眠运动的本质正不断地被揭示。更有意思的是，科学家们发现植物不仅在夜晚睡眠，而且竟与人一样也有午睡的习惯。小麦、甘薯、大豆、毛竹甚至树木，众多的植物都会午睡。原来，植物的午睡是指中午大约11时至下午14时，叶子的气孔关闭，光合作用明显降低这一现象。这是科学家们在用精密仪器测定叶子的光合作用时观察到的。科学家们认为，植物午睡主要是由于大气环境的干燥和火热。午睡是植物在长期进化过程中形成的一种抵御干旱的本能，为的是减少水分散失，以利于在不良环境下生存。

由于光合作用降低，午睡会使农作物减产，严重的可达1／3甚至更多。为了提高农作物产量，科学家们把减轻甚至避免植物午睡，作为一个重大课题来研究。

我国科研人员发现，用喷雾方法增加田间空气湿度，可以减轻小麦午睡现象。实验结果是小麦的穗重和粒重都明显增加，产量明显提高。可惜喷雾减轻植物午睡的方法，目前在大面积耕地上应用还有不少困难。随着科学技术的迅速发展，将来人们一定会创造出良好的环境，让植物中午也高效率地生长，不再午睡。

Shu Lin De Shen Qi Zuo Yong 树林的神奇作用

能降噪声的树林

在现代化大城市中生活的人们，每天被各种各样的音响烦扰着。如汽车、摩托车的发动机声音和刹车声，工厂里机器的轰鸣声，以及人声、流行音乐的乐声和其他各种声响。这些现代社会的混合音响构成了对人的情绪和健康有很大危害的噪声。

噪声会使人觉得心情烦躁不安、头痛头晕，产生失眠、心跳加快、血压上升等病症，甚至还会诱发精神病。可见噪声真是人类社会的一大公害。

所以，生活在大城市里的人十分希望能在节假日里到公园去走走。当我们在茂密的树林里悠闲地散步时，会感到十分宁静，心情舒畅、愉悦，这主要是因为在树林里没有噪声，给人们提供了一个幽静的环境。

为什么树林里没有噪声

树木的枝干和浓密的树叶能吸收声波，而且还能不定向地反射声波。因此，当噪声进入树林里后，一部分被吸收了，另一部分又被反射了，于是噪声大大地减弱。

统计资料表明，绿化的街道的噪声比没有绿化的街道的噪声要低10~15分贝。一般的居民住宅区夜间噪声应低于40分贝，白天应低于50分贝。如果超过60分贝，就会干扰人的正常工作和生活。80分贝的噪声会使人感到疲倦和烦恼。

因此，住宅区和街道的绿化能减低噪声，对人们的心理和生理健康大有好处。

检测结果证明，10米宽的林带能减弱30%的噪声，20米、30米、40米宽的林带分别能减弱40%、50%和60%的噪声。因此，在噪声大的地区，更应该植树造林，绿化不仅可以美化环境、净化空气、调节温度和湿度，还可以降低噪声，它的好处可真不少。

能治疗疾病的绿色森林

有病到医院里去求医治疗，这是人所皆知的事。可你知道绿色的森林也能治疗某些疾病吗？这就是比较盛行的一种绿色疗法。

森林中的绿色植物在进行光合作用时，吸收二氧化碳，放出氧气，满足人类的需要，使大气中的碳氧循环保持平衡，同时能吸收环境中的有毒气体，杀死空气中的细菌，有利于人类的健康。

绿色医院的秘密

据科学家测定：10000平方米的树木每天可吸收一吨二氧化碳，放出730千克氧气。如果有10平方米的树，就可以把一个人呼出的二氧化碳全部吸收掉。树木还可以吸收有毒气体，每10000平方米的垂柳在生长季节，每天可吸收10000克二氧化硫；10000平方米刺槐，每天可吸收氯气40000克；加拿大杨、桂香柳等树还能吸收醛、酮、醇、醚和致癌物质安息吡琳等毒气；松树、榆树、桧柏等树木能分泌出一种挥发

植物名片

名称：松树
门：种子植物门
纲：松柏纲
科：松科
属：松属
产地：中国

性的植物杀菌素，可以杀死空气中的细菌。

据研究发现，10000平方米松柏林，一天能分泌出60000克杀菌素，故有“天然防疫站”之称。

绿色森林会产生一种对人体极为有益的带电负离子。负离子具有调节神经系统和改进血液循环的功能，可以镇咳、止痉、镇痛、镇静和利尿，所以人们把它誉为“空气中的维生素”。

森林中的树木分泌出的一种植物杀菌素，可以杀死结核杆菌、伤寒杆菌、痢疾杆菌、霍乱弧菌、白喉杆菌等病菌，所以，森林可以作为治疗结核病和肺气肿病的“医院”。

病人在这里只要每天清晨和傍晚到林中呼吸1~2小时带有杀菌素的空气，就可以起到治疗的作用，坚持数月，病情会大有好转以至痊愈。这种绿色医院具有不需要设备、成本低、疗效好、没有副作用等优点，很受人们的欢迎。

Wei Shen Me Za Cao Chu Bu Jin 为什么杂草除不尽

杂草的危害

杂草不仅主要指草本植物，还包括灌木、藤本及蕨类植物等，这些长错了地方的野生植物都是杂草。杂草危害农作物和经济作物，它们与作物争肥、争水、争光照，有些杂草还是作物病虫害的寄主和越冬的场所。

据调查，世界范围内的农业生产每年受杂草危害的损失达10%左右，仅美国每年由于杂草造成的谷物损失就达90亿~100亿美元。我国因遭受杂草的危害，每年损失粮食约200亿千克、棉花约500万担、油菜籽和花生约2亿千克。长期以来，杂草就是农业生产的一大灾害。年年除杂草，岁岁杂草生。为什么杂草有这样顽强的生命力呢？

生命力顽强的杂草

首先，杂草有惊人的繁殖力。一棵稗草能结种子13000 粒，狗舌草能结20000粒，刺菜35000粒，龙葵17.8万粒，广布苋18万粒，加拿大飞蓬24.3万粒。我国东北地区水边滋生的孔雀草，茎秆只有0.1米高，却能结籽1.85万粒，种子重量竟占全棵总重的70%。

杂草不仅产籽多，而且种子的寿命长，可连续在土壤中多年保持发芽能力。水稗在水中可存活5~10年，狗尾草可在土中休眠20年，马齿苋种子的寿命是100年。在阿根廷一个山洞里所发现的3000年前的苏菜种子仍能发芽，而一般作物种子的寿命不过几年，要想找一棵隔年自生自长的庄稼，那是很困难的。

其次，杂草具有顽强的生命力。有些杂草耐旱、耐寒、耐盐碱；有些杂草能耐涝、耐贫瘠。严重的干旱能使大豆、棉花等许多作物干枯致死，而马唐、狗尾草等仍能开花结籽。

热带地区的杂草仙人掌，在室内风干6年之后还能生根发芽。凶猛的洪水能把水稻淹死，而稗草及莎草科的一些种类却能安然无恙。多数杂草

植物名片

名称：狗尾巴草
门：被子植物门
纲：单子叶植物纲
科：禾本科
属：狗尾草属
产地：世界各地

都有强大的根系、坚韧的茎秆。多年生杂草的地下茎，具有很强的营养繁殖能力和再生力，折断的地下茎节，几乎都能再生成新株。

同一棵杂草结的种子，落在地上不一定都能迅速发芽，有的是在春天发芽，有的是在夏季萌发，甚至还有的隔很多年以后再发芽。这种萌发期的参差不齐是杂草对不良环境条件的一种适应。

杂草的种子由于具有利用风、水流或多种方式广泛传播的特性，
所以其生命力特别顽强

再次，杂草种子具有利用风、水流或人及动物的活动广泛传播的特性。蒲公英、刺菜、白茅等果实有毛，可随风云游。异型莎草、牛毛草和水稗的果实，能顺水漂荡。苍耳、猪殃殃、鬼针草、野胡萝卜等果实上的棘刺能牢牢地附着在人或鸟、兽身上，借以散布到更远的地方。

通过文化、贸易交流，杂草也会“免费”旅游全球。杂草到了新环境，一般来说比在原产地生长得更旺盛。例如，澳洲引进无刺仙人掌原想作为饲料用，但时隔不久，这位贵客仅在昆士兰一地就使3000万英亩的土地变成了荒地。美国为了护坡、护岸和扩大饲料来源，从日本引进了金银花和葛藤。后来，这些植物使得大片森林受损，并迫使美国人向“绿魔”宣战。

在生存竞争的过程中，杂草比一般作物确实有许多有利的条件，因而田间的杂草是很难除净的。随着科学技术的发展，农业科技工作者和生产者正在研究各种杂草的生长发育规律，探索新的农田杂草防除方法并日渐形成一门新的独立学科。

Hua Kai Hua Luo Shi Jian Zhi Mi 花开花落时间之谜

白天开花的植物

花开花落是植物生长的一种自然规律，那为什么有的花喜欢白天开放，而且是五彩缤纷，有的花则愿意在傍晚盛开且多为白色，又有的花是昼开夜合呢？

在常见的植物中，大多数植物都是在白天开花。这是因为在阳光下，清晨花的表皮细胞内的膨胀压大，上表皮细胞生长得快，于是花瓣便向外弯曲，花朵盛开。

花儿白天开，在阳光下花瓣内的芳香油易于挥发，加之五彩缤纷的花色能够吸引许多昆虫前来采蜜。昆虫采蜜时便充当了花的红娘为其传授花粉，这样有利于花卉结籽、繁殖后代。

晚上开花的植物

那么，为什么有的花偏偏喜欢在晚上开放，而花朵又多是白色的呢？植物之所以要开花，是为了吸引昆虫来传粉。植物在夜里开的花，最初也是多种颜色的，但由于白花在夜里的反光率最高，最容易被昆虫发现，为其做媒传授花粉。因此，在长期的发展演化过程中，夜里开白花的植物被保存了下来，而夜里开红花、蓝花的植物，因不易被昆虫发现并为其传授花粉，失去了繁衍后代的机会，逐渐被淘汰了。

夜晚开花的晚香玉

月朗星稀、微风轻拂的夏夜，晚香玉悄然绽开洁白似玉的花蕾，飘散出阵阵沁人心脾的幽香。这盛夏的娇儿，不知让多少喜爱花草的人们心醉神迷。晚香玉，又叫夜来香、月下香。它名副其实，夏季里每当晚19时前后，花苞相继开放。如果你有留意，用肉眼就可以观察到花苞是怎样绽开的。一朵花苞开放只需4~5秒的时间。晚香玉的花苞一开放，便飘散出阵阵清香，它的香清而不浊、和而不猛，使人心旷神怡。晚香玉非常受养花人的钟爱，它不需要特别细心的培植、管理。只要把一个晚香玉小块茎埋入土里，凭借着天然雨水滋润，它就会抽芽、长大、开花、结果。

晚香玉的茎是从叶中抽出的柔嫩的枝条，然而，它能在这一枝条上开花多达30多朵，自下而上盛开的喇叭形花朵花期达一月有余。晚香玉不仅可美化庭院，且其花可插瓶，用于室内观赏。另外，其叶、花、果均可入药，有利于人体健康。

晚香玉夜里开花之谜

那么，晚香玉为什么总是在夜里传送浓郁的花香呢？原来晚香玉花瓣上的气孔，是与外界交换气体的通道。在空气湿度大时，这个通道张开，空气干燥时合拢。

因白天的气温高，那花瓣便含羞似地合拢着。傍晚的时候温度降低，气候凉爽，蒸腾减少，空气的湿度增大，于是花瓣上的气孔便全部张开。随着花呼吸作用的进行，它内在的挥发性芳香物质便飘散到空气中去，也就把缕缕清香带给人们了。

花开花落的起因

植物中还有的花是白天盛开，到夜里又闭合起来。如睡莲、郁金香，它们的花白天竞相开放，而当夜幕降临时，便闭合起来，到来日则又继续开

放。这又是为什么呢？原来，花的昼开夜合现象是植物的睡眠运动引起的。

这种运动的产生，一种是因温度变化引起的。如晚上温度低时它便闭合起来。如果把已经闭合的花移到温暖的地方，3~5分钟后花朵便会重新开放；另一种是由于光线强弱的变化引起的，花在强光下开放，弱光下闭合。

花儿颜色多变原因

花开时节，花香阵阵，芳香郁郁。那一枝枝、一丛丛，如云似霞。红的似火，黄的如金，白的像雪，千姿百态，万紫千红，满园春色。但你知道花为什么会有这么多的颜色吗？

为什么花儿能盛开得这样绚丽多彩呢？原来，花瓣的细胞液中含有叶绿素、胡萝卜素等有机色素，它们就像魔术大师，把花变得五颜六色。遇到酸性时，细胞就呈红色；遇到碱性时，细胞变为蓝色；遇到中性时，细胞又变为紫色。

你可以摘一朵牵牛花做试验：把红色的牵牛花泡在肥皂水里，因为遇到碱性，它便由红色摇身一变变为蓝色；再把这朵花放在醋里，由于遇到酸性，它又恢复原色。

花青素“变魔术”的本领更为惊人，它不仅能使许多鲜花色彩斑斓，而且还能使花色变化多端。如棉花的花朵初绽时为黄白色，后变红色，最后呈紫红色，完全是受花青素影响的结果。当不同比例、不同浓度的花青素、胡萝卜素、叶黄素等色素相互配合，就会使花呈现出千差万别的色调。

大部分黄花本身不含花青素，完全是胡萝卜素在起作用；有些黄花当含有极淡的花青素时，就变成橙色。由此可见，万紫千红的花完全是由于花青素和其他各种色素相互配合的结果。

一般来说，有机色素以叶绿素为主体时，花可显青色和绿色，如绿月季等；以花青素为主体时，可呈红色、蓝色和紫色，如玫瑰等；以胡萝卜素、类胡萝卜素为主体时，则呈黄色、橙色和茶色，如菊花等。

世界上开花植物多达4000余种，其花异彩纷呈，常见的有白、黄、红、蓝、紫、绿、橙、褐、黑等9种颜色。大多数花在红、紫、蓝之间变化着，其实这是花青素所起的作用；还有的在黄、橙、橙红之间变化着，这是都是胡萝卜素施展的本领。

据统计，世界上各种植物的花色中，最多的是白色，约占28%，白色的花瓣不含任何色素，只是由于花瓣内充斥着无数的小气泡才使它看起来像白色；其次是黄色；红色列为第三；再其次是蓝色、紫色；较少的是绿色，如菊花中的绿菊，其花瓣就是令人赏心悦目的绿色；最为罕见的是黑色，如墨菊，为菊中之珍品，黑郁金香也被列为花之名贵品种。

植物名片

名称：绿菊花
门：被子植物门
纲：双子叶植物纲
科：菊科
属：绿菊属
产地：中国